アメリカの巨大軍需産業

広瀬 隆
Hirose Takashi

a pilot of wisdom

集英社新書
0087
A

ノースロップ・グラマン社のB2ステルス爆撃機(→P148)

ノースアメリカン・エヴィエーション社の超音速爆撃機XB70ヴァルキリー。全長59メートルの巨体がマッハ3で飛行する（→P99）　NASA Photo

ニューポートニューズ造船所の最新鋭原子力空母ハリーS.トルーマン(→P283)

アメリカの巨大軍需産業

広瀬 隆
Hirose Takashi

a pilot of wisdom

目次

第5章……CIAとFBIと諜報組織の成り立ち——205

図表のリスト

写真提供／ORION PRESS, NASA, 著者

地図制作／Ｃ・メッセンジャー

序章　不思議な国アメリカ

軍人募集ポスター（1917年）

新時代・二一世紀の扉を開くまでに、アメリカ合衆国の技術はあらゆる分野で世界をリードし、地球上の富の多くが北米大陸に集中した。一方で、アメリカの軍隊は世界中に展開し、アメリカの軍需産業は世界中に兵器を輸出してきた。ところが一九八九年一一月にベルリンの壁が崩され、東西対立という地球規模のとてつもなく巨大な障害が取り除かれると、雪崩《なだれ》のように軍需産業が崩壊しはじめた。

その反動によって、世界の主だった軍需産業が大統合に向かいながら、その意味はほとんど専門家から提示されず、体系的な分析資料も出されないまま二〇世紀を終えてしまった。

軍事専門家と紛争現地に入ったジャーナリストたちは、これら軍需産業の兵器と武器にはほとんど触れず、「憎悪の犯罪（ヘイト・クライム）が世界中に氾濫《はんらん》して、民族の対立意識が燃えあがり、各地に紛争が起こっている」という論調の言葉をひたすら流布し続けた。そのため、それが本当の原因と錯覚した人間が、今まで自分が抱いてもいなかったほかの民族に対する憎しみをつのらせ、武器を執って次々と紛争に走った。

紛争とは、ボクシングやレスリングのような素手による殴り合いではない。アメリカ・イギリス・フランスの部隊がイラク全土を攻撃した九一年の湾岸戦争では、戦闘機と爆撃機が住民を襲い、あらゆる兵器が見本市の様相を呈して、砲弾とミサイルが飛び交った。

ユーゴスラビアで起こった殺し合いは、初めは拳銃とライフルからはじまったのだが、ついには九九年三月に、ＮＡＴＯ（北大西洋条約機構）軍による一方的な爆撃開始という凄惨な戦争へと導かれ、大量の巡航ミサイルが夜空を焼き焦がした。

二〇〇〇年九月二八日には、イスラエルで右派リクードのアリエル・シャロン党首が東エルサレム旧市街のイスラム聖地「神殿の丘」を強行訪問して挑発し、パレスチナ人の怒りが爆発した。イスラエル治安部隊がこのパレスチナ人に発砲して激しい対立が再燃し、中東和平が崩壊した。以後一ヶ月で死者一二六人を出し、そこに数々のアメリカ製の兵器が使用された。翌二〇〇一年三月に首相となったシャロンは元国防大臣で、兵器商マーカス・カッツをスポンサーとする国際武器取引きの黒幕であった。八二年にはホワイトハウスのイラン・コントラ武器密輸事件の裏で糸を引き、世界最大の兵器商アドナン・カショーギの一派として立ち働いた。

シャロンの聖地訪問は、パレスチナ人にとっては侮辱以上に、生活の終りを意味した。エルサレム旧市街は、『アリババと四〇人の盗賊』を連想させる愉快な町で、アラブ人の活気あるバザールがにぎわい、一帯は人びとの住宅地である。昔の城壁の内部が迷路のように入り組み、真夏でも冷たい空気に包まれ、心地よい石造りの居住地だ。子供たちが遊び、旅行客を楽しませてきた。そのエルサレムにイスラエルが侵入し、大昔の「嘆きの壁」をユダヤ人の聖地と主張して、アラブ人を次々と暴力で追い出した。それに追い打ちをかけるシャロンの行為は、「パレスチナ人はここには住んではならない」という宣言であった。国連の人権高等弁務官メアリー・ロビンソンが、「イスラエル占領地で深刻な人権侵害がおこなわれ、イスラエルが入植地を拡大している。これは理解できない。パレスチナ人は毎日のように辱《はずかし》められ、もはや我慢できない状態になっている」と、記者会見でイスラエルを激しく非難したが、その通りであった。彼女は、民間人に多数の死傷者を出したＮＡＴＯのユーゴ攻撃も批判してきた。

　エルサレム問題の本質は、宗教ではない。はるか昔から、エルサレムはイスラム教徒とキリスト教徒とユダヤ教徒が混在した町である。第二次世界大戦後のヨーロッパ人とアメリカ人が、自分たちの犯した非道なユダヤ人迫害という罪の代償として、無責任にもアラブ人の居住区を新しいユダヤ人の国と決めたため、アラブ人が道理もなく追い出されたことが紛争の発端であった。

　シャロンによる紛争からほぼ一ヶ月後の一一月六日、現地エルサレムの新聞は、アメリカのロッキード・マーティンがイスラエルの軍需産業数社と二億ドルの取引きに署名したと報じた。イスラエル空軍がロッキード・マーティンのＦ16ジェット戦闘機を購入した見返りの投資であった。「ロッキードのジェットにイスラエルの技術が組み込まれることは、全世界にとって価値あることだ。イスラエル空軍がＦ16の購入機数を増やせば、投資額は一五億ドルに増える可能性がある。わが社は、多年にわたって、イスラエル防衛産業の主要な戦略パートナーとしてやってきた」との談話を、ロッキード・マーティンは発表した。

中東の紛争は泥沼に引き戻され、イスラエル人は無防備のパレスチナ人に向かって銃を発射し続けた。紛争の渦中に、〝世界最大の軍需産業〟ロッキード・マーティンは、なぜイスラエルの軍需産業数社に対して、莫大な資金援助の契約に署名したのか。ピストルやライフル、マシーンガン、カービン銃、肩にかついで発射できるミサイルなど、こうした殺傷能力のある武器は、どこから紛争の現地に供給されてきたのか。

コルト・インダストリーズという会社は、「コルト45」という六連発の拳銃が活躍した大昔のハリウッド西部劇の世界で、人びとの記憶に懐かしく思い出される。ウィンチェスター銃やレミントン銃も同様である。スミス&《アンド》ウェッソンは、ハードボイルド小説にしばしば登場するので、かなりの人に知られている。ところがアメリカのアライアント・テクシステムズという会社は、ほとんど名前を知られていない。

これら小火器メーカーが拳銃とライフルを製造し、危険物を戦場に送り込んできた。それを裏で仲介していると批判を受けた全米ライフル協会は、銃砲の規制で苦しい立場に追い込まれると、「銃は他人を殺傷するためのものではない。銃は暴力から身を守るためにある」という正義のための護身論を前面に打ち出し、4Hクラブ（農村青少年の活動組織）やボーイスカウトを利用しながら、日常的な射撃訓練やコンテストを若者に対しておこない、一方では銃砲と弾薬を全世界の紛争地に広めたのだ。

しかし一体誰がそのビジネスを、具体的に実行したのか。闇の男たちを想像すると、テロリストやガンマニアや麻薬の売人連中だと憶測するのが、普通である。とんでもないことだ。デヴィッド・ジェレミアという男は、一九三四年にオレゴン州ポートランドに生を享《う》けたのち、海軍に入って、七一年から国防総省のアナリストとなり、以後は海軍部隊の計画を策定するヘッドから、駆逐艦小部隊の司令官、太平洋艦隊の幹部を歴任し、海軍作戦部長の右腕となった。続いてヴァージニア州ノーフォークにある全米最大の海軍基地で指揮をとると、八四年から八六年まで巡洋艦と駆逐艦の部隊を指図する地位を占め、八七年からは太平洋艦隊の司令官という海軍の最重要ポストを占めるまでに出世した。

やがて九〇年には、米軍実戦部隊の№2である統合参謀本部の副議長に就任した。統合参謀本部は、国防総省（通称ペンタゴン）にあって、陸軍・海軍・空軍の参謀本部長（司令官）と海兵隊の司令官という各軍のトップが集まり、国防長官および副長官とともに作戦を決定する大本営であり、この議長（総司令官）と副議長がすべてをとりまとめる八人の合同会議である。彼が副議長に就任して五ヶ月後の九〇年八月に起こったのが、イラクのクウェート侵攻という、アメリカ軍部にとって待望久しい緊急事態であった。

ジェレミアはここで、統合参謀本部議長コリン・パウェル（二〇〇一年に発足したブッシュJr《ジュニア》政権の国務長官）と共に湾岸戦争を指令し、見事にイラク軍の撃滅という大役を果たして米軍の英雄となった。アメリカの人名事典〝Who's Who〟には、彼の公式履歴がそれだけしか記載されていない。

しかし彼は、統合参謀本部を九四年に退任したあと、海軍に軍事用艦船を納入する巨大軍需産業のひとつ、リットン・インダストリーズの重役室にその姿を現わした。巡洋艦や駆逐艦のメーカーであるリットンは、ベルリンの壁が崩壊した動乱の八九年には、全米軍需産業のうち、ペンタゴンからの受注額で一五位にランクされていた。が、ジェレミアを重役室に迎えてから、九八年には受注ベストテン八位に復帰した。続いて、二四位のエイヴォンデール・インダストリーズを買収し、軍用艦の部門をさらに強化した。ジェレミアは、かつて自分がノーフォーク海軍基地で指令を出していた巡洋艦と駆逐艦の部隊に、いまやリットン・エイヴォンデールの造船所から直接、それらの製品を納入する製造現場で指揮をとりはじめたのだ。

さらにこの時、ジェレミアはアライアント・テクシステムズ社の重役にも就任し、スタンダード・ミサイル社でも重役となっていた。無名に近い二社である。元ペンタゴン幹部は、そこで何をしていたのか。

アライアント・テクシステムズは、湾岸戦争直前の九〇年にハネウェルの軍需部門からスピンアウトした社員がつくった会社なので、八九年には軍需産業として存在しなかった。一種のベンチャー企業として再出発したアライアントが、ミサイル製造などでぐんぐん売上げを伸ばし、九七年にはモトローラが持つ軍事用の高性能信管・センサー技術を買収してエレクトロニクス制御技術を高めると、九八年にはペンタゴンからの受注額で三四位にランクされるまで台頭した。しかしアライアントの特徴は、ボーイングやロッキード・マーティンが主力とする軍用機の製造と違って、ほかの分野にあった。銃器類と弾薬などの〝通常兵器でペンタゴンへの最大の供給業者〟としてのしあがったのである。

アライアント・テクシステムズの危険なビジネスは、ジェレミアが在籍したペンタゴン統合参謀本部からの契約受注だけではなかった。ビル・クリントンが大統領に就任してからの兵器輸出トップ企業のうち、九三〜九五年の三年間にわたる合計額として、国外への兵器輸出でワースト10に名前を連ねたのだ。これまで銃器メーカーは、五二ヶ国への銃器販売に成功し、M16ライフルや機関銃のように、撃ち方を一度習えば誰でも使える銃器を氾濫させてきた。紛争地帯のグレナダ、ハイチ、レバノン、パナマ、ソマリア、インドネシア、ナイジェリア、ウガンダ、ザイールなど、いずれも何千、何万という人間が殺された国に七〇〇万丁以上のM16ライフルが売られたのである。

紛争地では、異なる部族と部族、異なる民族と民族が戦っているように見えるが、アメリカ製ライフルや機関銃が、旧ソ連やその他の先進国の銃砲と対決しているというのが実態であった。その銃器を与えられたソマリアで紛争が起こると、紛争を鎮めるためと称して、アメリカは大がかりな国連PKO（平和維持作戦）部隊を派遣した。

特に最近、軍人たちから危険と指摘されたのは、ペンタゴンがアライアントと受注契約を結んだ個人殺傷用兵器――ライフル弾を発射しながら敵の上空に強力な爆発物を雨あられと浴びせる「特殊コンバット・ライフルOICW」の開発であった。同時にアライアントは、そのライフル製品を地球上に広めるため、外国と新たなセールス交渉に入ったのである。九九年からそのアライアントの会長兼最高経営責任者となり、全社を支配した男ポール・ミラーは、その前にアメリカ海軍の大西洋艦隊司令官としてジェレミアと行動を共にし、NATO大西洋連合軍最高司令官であった。そしてジェレミアと同様、リットン・インダストリーズの造船部門リットン・マリーンの重役を兼務した。

紛争地で女性や子供たちに最も残忍な被害を広げてきた対人地雷で、アメリカの主要メーカーとしてその名が挙げられた企業、それがアライアント・テクシステムズなのである。戦車を攻撃するための、厚い装甲板を貫通する劣化ウラン弾を使った大型・小型の弾頭メーカーでもあった。九一年の湾岸戦争と、九九年にNATO軍がユーゴスラビア全土を攻撃したあと、イラクとユーゴスラビアの住民と各国兵士たちのあいだに広がった異常と体調不良――湾岸戦争症候群・バルカン症候群と呼ばれる劣化ウラン弾の後遺症はすさまじいものであった。

もと統合参謀本部の副議長ジェレミアが重役をかけもちしたスタンダード・ミサイルも、九八年にはペンタゴンからの受注額で二三位にランクされた。同社は、九八年に三位のレイセオンに買収され、レイセオンがテキサス・インストゥルメンツとヒューズ・エレクトロニクスの防衛部門を買収したので、四社の攻撃兵器部門が統合され、巨大なミサイルメーカーとなった。光ファイバーを使って誘導するミサイルを含めて、イージス艦用の高性能攻撃システムなど数々のスタンダード・ミサイル製品が、次々と海軍から発注を受けた。

拳銃で有名なコルト・インダストリーズは、いまや西部劇のヒーローではない。全米ライフル協会のメンバー三〇〇万人が最も愛する会社である。

朝鮮戦争で国連軍を指揮したのは、有名なマシュー・リッジウェイ将軍である。彼は、五〇年に朝鮮戦争で指揮をとっていた陸軍第八軍のウォルトン・ウォーカー将軍が戦死したため、代って司令官となった。朝鮮半島では中国共産党の義勇軍が決起して北朝鮮に進軍し、アメリカから韓国に乗り込んだ国連軍は次々と撃退され、敗北の危機に立たされていた。ところがリッジウェイが指揮官となるや、中国義勇軍を北緯三八度線まで押し戻して、開戦前の五分五分の戦況に戻し、米軍の作戦頭脳と高く評価された。ちょうどそのころ、五一年三月、国連軍の最高司令官ダグラス・マッカーサーがトルーマン大統領と対立しはじめた。マッカーサーは「必要とあらば核兵器を使用して中国に侵攻する」という声明を大統領に無許可で出し、その暴走に大統領が怒り、マッカーサーを解任してリッジウェイを後任に任命した。こうして四月からリッジウェイが国連軍司令官に任命され、日本を占領していた連合国軍GHQ（総司令部）最高司令官と、アメリカ極東軍の総司令官にも就任したのである。

五二年四月二八日に、日米講和条約と日米安全保障条約が発効し、GHQが廃止されると、リッジウェイは三年前に発足したばかりのNATO軍の最高司令官となって赴任し、精力的に活動してNATOを巨大な軍事組織に変えていった。しかし五三年に帰国して陸軍参謀本部長のポストに就くと、時の国防長官チャールズ・ウィルソンから、「これからは核兵器を主力として、通常兵器の予算を削減するように」と求められたのだ。自分が生涯を捧げてきた実戦部隊の解体を命ぜられたと感じて、軍事予算の削減と核兵器優先政策に激しく抵抗し、アイゼンハワー大統領とも対立した。そのため五五年に、任期前にその要職を蹴って退役すると、メロン産業研究所の理事長となって、産業界から強く意見を発するようになった。

ベトナム戦争の戦火が激しくなった六八年のことであった。ベトナム戦略についてジョンソン大統領に忠告する著名な軍人・知識人のグループに招かれたリッジウェイは、このグループの意見をリードし、「戦力の増大や爆撃の強化は、勝利にとってほとんど効果がない」と、実戦を戦い抜いてきた将軍として的確な意見を主張した。が、その一方で軍事費の縮小に強く反対する言葉を吐き続けた。九一年には、湾岸戦争の英雄である統合参謀本部議長コリン・パウェルから、「多年にわたる陸軍への貢献」を称賛する議会ゴールドメダルを授与され、そのわずか二年後、ペンシルヴァニア州ピッツバーグの自宅で九八歳の生涯を閉じた。軍隊を心から愛した根っからの軍人として、アメリカの実戦部隊から深い敬愛を受けてきた。

しかし彼は、聡明で一徹な軍人であっただけなのか。銃器を氾濫させるコルト・インダストリーズの重役名簿に残っている、元将軍マシュー・リッジウェイの名前を歴史から消すことはできない。ＧＨＱ総司令官退任後の五一年から五五年まで、レミントン銃を製造するレミントン・ランド会長であったダグラス・マッカーサーの名前を消すことができないように。

ペンタゴンは、銃砲からミサイル、軍艦、戦闘機に至るまで、武器と兵器の国内製造を推進しながら、同時にそれを紛争地に送りこむマシーンとして機能する巨大組織である。その資金を受けるのが、全米の上院議員と下院議員とホワイトハウス要人たちである。

世界には難民があふれている。原因は地域紛争にある。そこには、洪水のように銃砲と弾丸が供給されてきた。どこからか。アメリカとヨーロッパの先進国からである。うちひしがれた難民に対する人道支援をおこなう輸送機も、同じ軍需メーカーの製品だ。おそろしいメカニズムと言わなければならない。アフリカなどの紛争国には、弾薬を量産する能力はない。民族問題を論ずる前に、なぜ、紛争の現地で使われた兵器と武器のブランド名を、先に見ないのか。国連はなぜ一度もそれを議論しないのか。以下は、戦争の道具が、アメリカの軍需産業によってどのように巧みに普及されてきたかを、世界的な事実に基づいて解析した報告である。

第1章　ペンタゴン受注軍需産業のランキング

ロッキード社のF117Aステルス戦闘機

アメリカ建国と軍事予算の小さな物語

アメリカの軍需産業を動かすエネルギーは、巨大な国防予算にある。商務省に残される軍事支出の記録は、アメリカが独立宣言を発した一七七六年の建国の年から一五年後、一七九一年からはじまる。

その年に、当時の首府フィラデルフィアに合衆国銀行が設立され、国家としての予算銀行の営業がスタートしたからである。アメリカの国立銀行を設立した人間たちの性格は、現代アメリカの軍事的性格を物語る。建国史の裏面に、アメリカ経済・政治の中枢人脈と軍部の結びつきが今日まで続く本質的な要因が潜んでいる。

アメリカの歴代資産家のなかで、J・P・モルガンやデュポンをしのぐ大金をかせぎ、歴代富豪第八位に名を残しながら、ほとんど知られないスティーヴン・ジラードという男がいる。ジラードは一七五〇年にフランスのボルドー近くに生まれ、八歳で右目を失明し、そのハンディキャップのため、人間の心理を深く読むことを学んだ。彼は船長の息子だったが、母が幼いころに死んでしまい、継母がいじめるので耐えられず、父の後を継いで船乗りになろうと決意した。

ジラードはやがて船長になると、現在のカリブ海域であるアメリカ東海岸の西インド貿易に関わり、一七七四年にニューヨークに着いた。時まさにアメリカがイギリスに楯ついて独立革命に入ろうとしている時代であった。前年に、アメリカ人がイギリス東インド会社の紅茶をボストン湾に投げ込むボストン茶会事件が起こっていたからである。ジラードが観察したアメリカとは、次のようなものであった。

彼がアメリカ大陸にあがった翌年、七五年四月一九日にアメリカ独立戦争の火蓋が切られ、六月一五日にはジョージ・ワシントンが植民地軍総司令官に任命され、本格的な戦闘へと突入していった。そのころ新国家の建国を唱える民衆の指導者であったベンジャミン・フランクリンに刺激を受けたイギリス人トマス・ペインが、アメリカに渡って『常識《コモンセンス》』というパンフレットを出版し、雄弁な言葉で独立宣言の必要性と新しい共和国の建国を提言すると、それまで静観していた人間たちのあいだにも、独立の機運が全土に燃え広がった。さらにイギリスと敵対していたフランスのルイ一六世が、アメリカの植民地軍への軍需品の援助を命じて、イギリスに対する戦意はいやがうえにも高揚していった。

七六年六月七日には、のちに南北戦争で南軍を率いるリー将軍の一族リチャード・ヘンリー・リーが独立を提唱し、第二代大統領となるジョン・アダムズ、第三代大統領となるトマス・ジェファーソンら五人の独立宣言起草委員が任命され、ついに七月四日にデラウェア河畔のペンシルヴァニア南東部フィラデルフィアにて、独立宣言が出された。アメリカが建国されたのである。

翌年には、フランスのラファイエット侯爵が義勇軍を組織して、植民地アメリカ軍の応援にかけつけ、イギリス軍は大敗を喫したが、戦闘は以後も続いた。七八年にはフランスが北米の独立を承認すると、イギリスとフランスの海軍が新たな戦闘に突入していった。

この年、フランスの大蔵大臣ジャック・ネッケルが、追放されていた経済学者ピエール＝サミュエル・デュポンを復帰させて要職につけ、アメリカの死の商人デュポンを生む運命を導いた。ヨーロッパでは、七九年にスペインがイギリスに宣戦布告し、八〇年にはハプスブルク帝国オーストリアの女帝マリア＝テレジアがこの世を去るという混乱の時代であった。アメリカの独立を確実なものにしなければならない新大陸の人間たちは、ヨーロッパの力だけに頼ることはできず、軍事財政が困難な状況を打破するため、フィラデルフィアの富裕な九〇人の商人たちが、ペンシルヴァニア銀行を設立した。これは、すでに発足していた議会が、出資者の金を保障する「軍事予算用の銀行」であった。

かくして一七八一年一〇月一九日、チャールズ・コーンウォリス率いるイギリス軍が、ヨークタウンでワシントン将軍のアメリカ・フランス連合軍に敗れ、独立戦争が終結した。今度は名実共に、独立したアメリカが誕生したのである。

続く一二月三一日には、のちに初代財務長官となるアレグザンダー・ハミルトンが、フィラデルフィア随一の商人ロバート・モリスと手を組み、アメリカ国家最初の銀行として北米銀行Bank of North Americaの設立を、議会で承認させることに成功した。モリスは、ただの商人ではなかった。独立宣言署名者のひとりで、アメリカ政府の借金財政を解消するため奔走した実質的な最高財務官であった。その一方で、ハミルトンを動かし、イギリスとアメリカの軍事物資の貿易で莫大な利益をあげていたのだ。〝正直者〟ワシントン将軍の妹ベティーの結婚相手も、ヴァージニア州の大地主で、戦場に武器を送りこんだ兵器屋フィールディング・ルイスであった。戦いながら、しこたまもうける。それが彼ら全員のルールとなっていた。

こうして誕生した北米銀行の初代頭取には、トマス・ウィリングという人物が就任した。後年タイタニック号で死亡する全米一の富豪ジョン・ジェイコブ・アスター四世の妻は彼の直系子孫であった。ウィリングの娘アンは、アメリカでの〝植民地エージェント〟として財を成したウィリアム・ビンガムと結婚、さらにビンガムの娘二人が当時世界一のロンドン商人ベアリング兄弟と結婚するほどの豪商ファミリーであった。

情熱家のフランス人デュポンは、一七八三年にアメリカ合衆国との独立条約をイギリスに認めさせようと奔走して投獄されるが、忍耐強く秘密交渉を続け、最後にはイギリスにアメリカ独立を承認させ、アメリカの建国にとって欠かせない歴史上の重要人物となった。かくして一七八九年四月三〇日、ジョージ・ワシントンがニューヨーク市で初代大統領に就任し、新国家は順調に発展するかに見えた。しかし七月一四日にアメリカが頼みとする盟友国で、バスティーユの要塞が襲撃されるフランス革命が勃発し、歴史は大きく変転しはじめた。

安閑としていられないアメリカは、翌九〇年にペンシルヴァニア州フィラデルフィアをアメリカの首府に定めると、これまでの北米銀行ではなく、公式の予算を扱う国立銀行を設立することを議会で決め、九一年に「営業許可期限二〇年」という条件付きで合衆国銀行 The Bank of the United States（通称ファースト・バンク）が誕生した。初代頭取には北米銀行と同じく、またしても豪商ウィリングが就任した。したがってこの銀行は、ロバート・モリス一派のモリス商会が軍需物資を政府に収めるための、露骨な利権金融シンジケートの性格を持っていた。これが、アメリカで最初に軍事予算を組んだ年であった。

ここまでの一七年間を静かに眺めていたのが、フランスからやってきた船乗りジラードだったのである。彼はそれまでに雑貨と酒の貿易商人として大いなる成功をおさめ、すでに押しも押されぬ著名人となっていた。そのフィラデルフィアに、二年後に黄熱病が発生すると、六人に一人が死亡するという恐怖のパニックに町中が襲われた。ところが、ジラードは富裕の身ながら、黙々と荷車を押して病人を病院に運び続け、多くの人びとに感謝され、なお一層の財を成した。

第二代大統領に就任したジョン・アダムズは、九七年一一月一日に現在のワシントンDCに移ってホワイトハウスで執務を開始し、一八〇〇年に首府を正式にフィラデルフィアからワシントンDCに移したが、フランス革命軍とアメリカが準戦争状態にあったため、デラウェア州にデュポン社の設立計画がはじまったのだ。不思議な関係ながら、同社にフランス政府が出資して、デュポン一族が三分の一の株を保有し、一八〇二年には、ピエール・デュポンと共に渡米した息子エリューテール＝イレネー・デュポンが火薬の製造にとりかかったのである。デュポン工場が建設され、火薬の製造がはじまると、最大の顧客はイギリスに自由貿易を妨害されて戦闘準備を進めていたアメリカ政府と、毛皮貿易のためインディアン討伐に火薬を求めたアメリカ毛皮会社のアスター家であった。一八一〇年にはアメリカ海域へのフランス・イギリスの軍艦立ち寄り禁止法が成立し、一触即発の状態に立ち至ったが、折悪しく一一年に合衆国銀行の営業許可が切れた翌年、アメリカはイギリスに宣戦を布告しなければならなくなった。そのため資金不足のアメリカの軍隊は苦戦を強いられ、アメリカ公債が暴落し、議会が合衆国銀行の営業許可を更新できずにいた時、商人ジラードがこの宙に浮いた銀行を丸ごと買い取ってしまったのである。

国立銀行はジラード銀行と改名され、たちまち個人銀行に生まれ変ってしまった。そしてアメリカ政府が軍費で破産しかかると、まったく人気のない戦時公債一六〇〇万ドルの半分をジラードが購入して財務省を救うことになった。しかしそれでも戦時公債は五〇〇〇万ドルが二万ドルまで暴落し、ジラードはさらに全部を買い取った。要するに国家の軍事予算をひとりの富豪商人が買い取ったのである。戦況は悪化し、イギリス軍が首府ワシントンを占領してホワイトハウスを焼き討ちし、後年に黒船で浦賀に来航したマシュー・カルブレイス・ペリー提督の兄オリヴァー・ハザード・ペリー提督がこの戦争で活躍し、ついにはエリー湖の戦闘で勝利をおさめてアメリカ海軍の英雄となった。オリヴァーの直系の曾孫アリスの夫ジョゼフ・グリューは後年、駐日大使となり、大日本帝国の真珠湾攻撃計画を探り当ててアメリカ本国に警告し、近衛首相と密談した人物である。またグリュー大使の近親者スチュアート・クレーマー三世が、これから登場する軍需産業ロッキードの重役であった。

この第二次イギリス・アメリカ戦争で、アメリカは最後にはイギリスとの講和条約に調印して、ようやく終戦にこぎつけた。

アメリカにとっては、金がなければ戦争に勝てない、ということを学ぶ苦い経験であった。終戦後、新たに第二合衆国銀行 Second Bank of the United States が設立されると、商人ジラードがその資本のかなりを出資し、ピエールの長男ヴィクトル＝マリー・デュポンと次男エリユーテール＝イレネー・デュポンが重役に就任した。かくしてアメリカという国家は、建国からずっと今日まで、兵器商に結びつく財閥によって資本が受け継がれ、その呪縛から逃れられなくなったのである。

かの大物ジラードの遺産は、どのように継承されたのか。一八三一年に大富豪ジラードが八一歳で死去したあと、遺産は全米一の七〇〇〜七五〇〇万ドル（今日の一兆五〇〇〇億円程度）と推定され、親族がどっと彼の屋敷におしかけて、高級ワインを奪い合いながら遺産の分け前に期待した。金に貪欲なジラードと思われていた。が、そこに驚くべきことが起こった。

遺産相続は、すでに弁護士と詳細に打ち合わせてあり、遺言状には、家族あてにはほんのわずかな金額が記載されていただけだったのだ。「存命中の弟ひとりと、姪一一人に五〇〇〇ドルから二万ドル、家族持ちの姪ひとりにだけ六万ドル」とあり、「残りはすべて孤児、病院、障害者施設、学校、貧困者を助ける燃料、海難家族救済協会、運河建設などに使われる」と明記されていた。そのため、国政を救った偉大なスティーヴン・ジラードの名は、アメリカの歴史上ほとんど記憶されていない。後年まで記憶される富豪たちは、その逆の道をたどった。

アメリカ国防予算の歴史的変化

今日の軍需産業に流れるアメリカのドル札は、どれほどの量なのか。

アメリカの国家歳出に占める軍事費の割合を、合衆国銀行が設立された一七九一年から、現代の一九九九年まで描いたのが図1である。また、軍事予算の絶対額を第二次世界大戦開始後の一九四〇年から二〇〇五年まで描くと、図2となる。

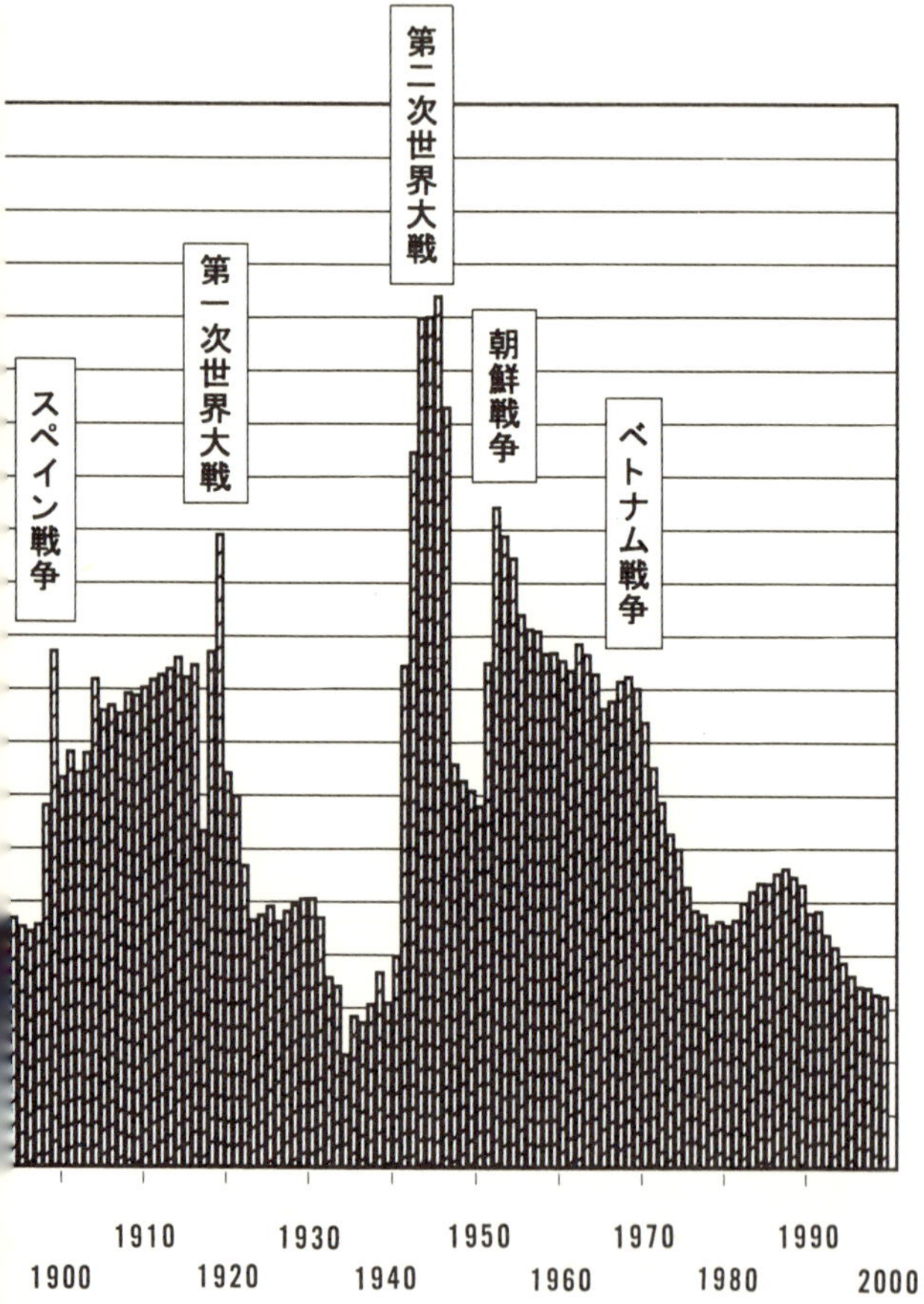

［商務省と議会予算局データ・歳出ベース］

図1　アメリカの国家歳出に占める軍事費の割合
（1791－1999年）

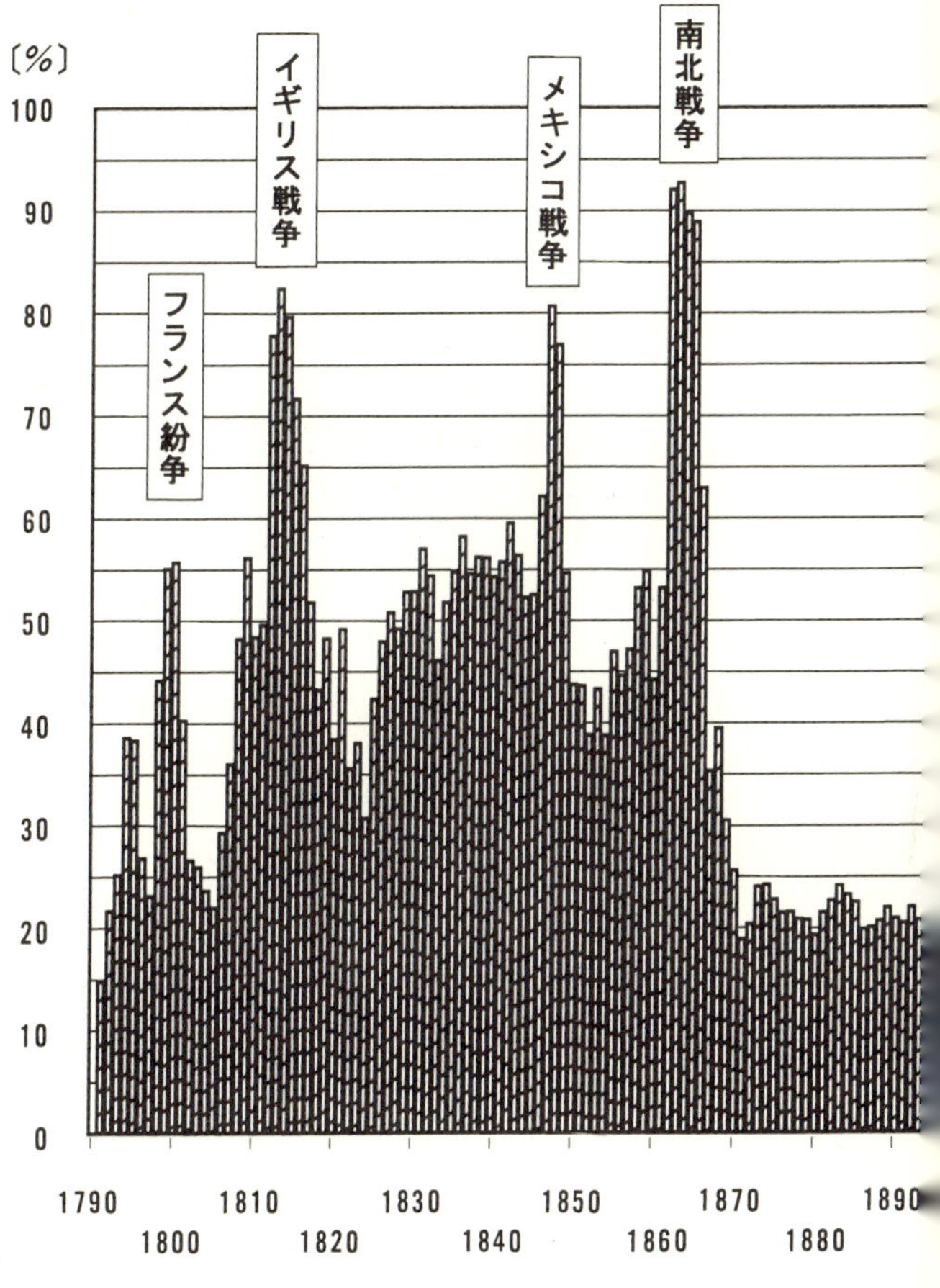

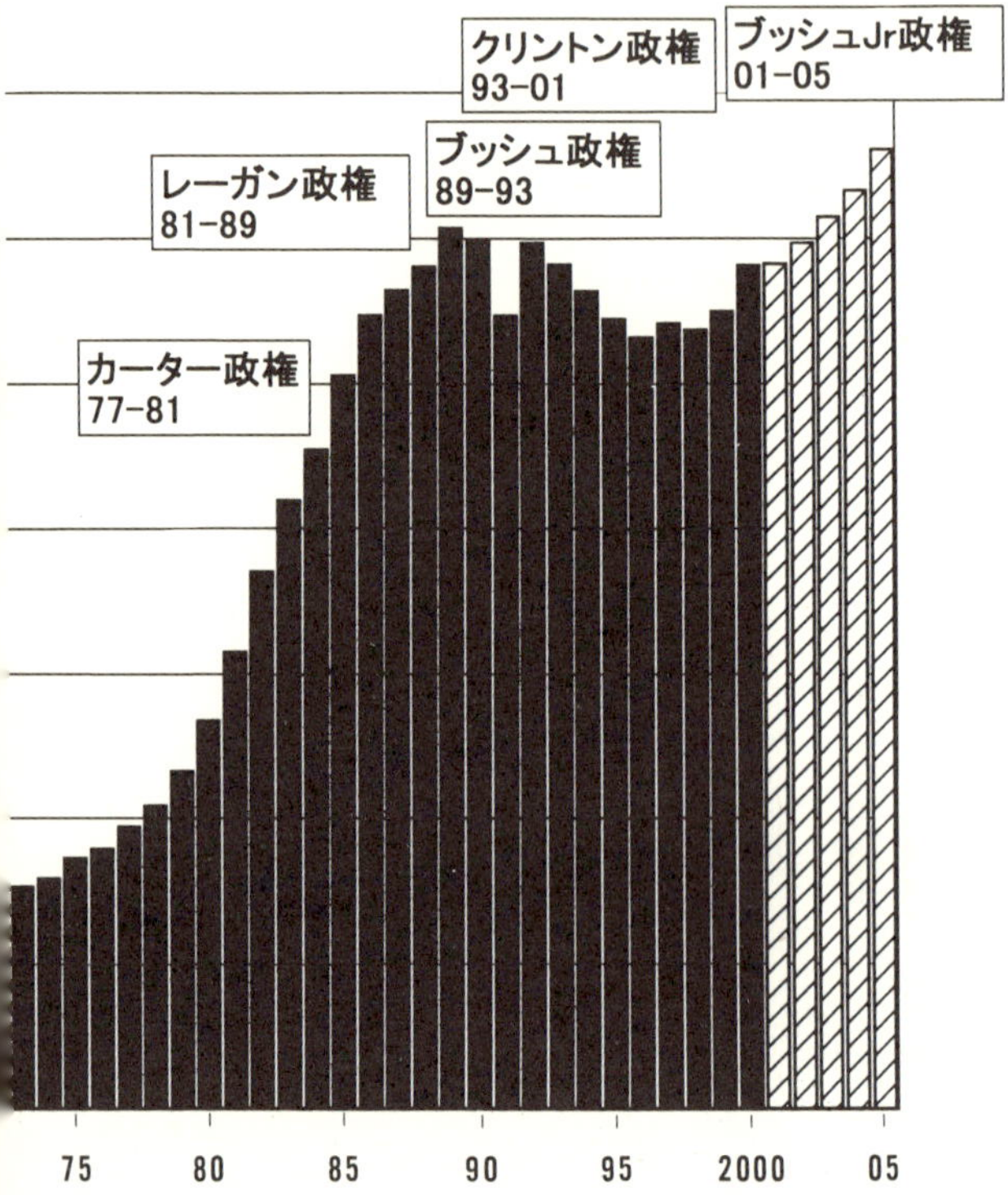

［アメリカ会計検査院2000年資料］

図2　アメリカの国防予算
（1940－2005年）

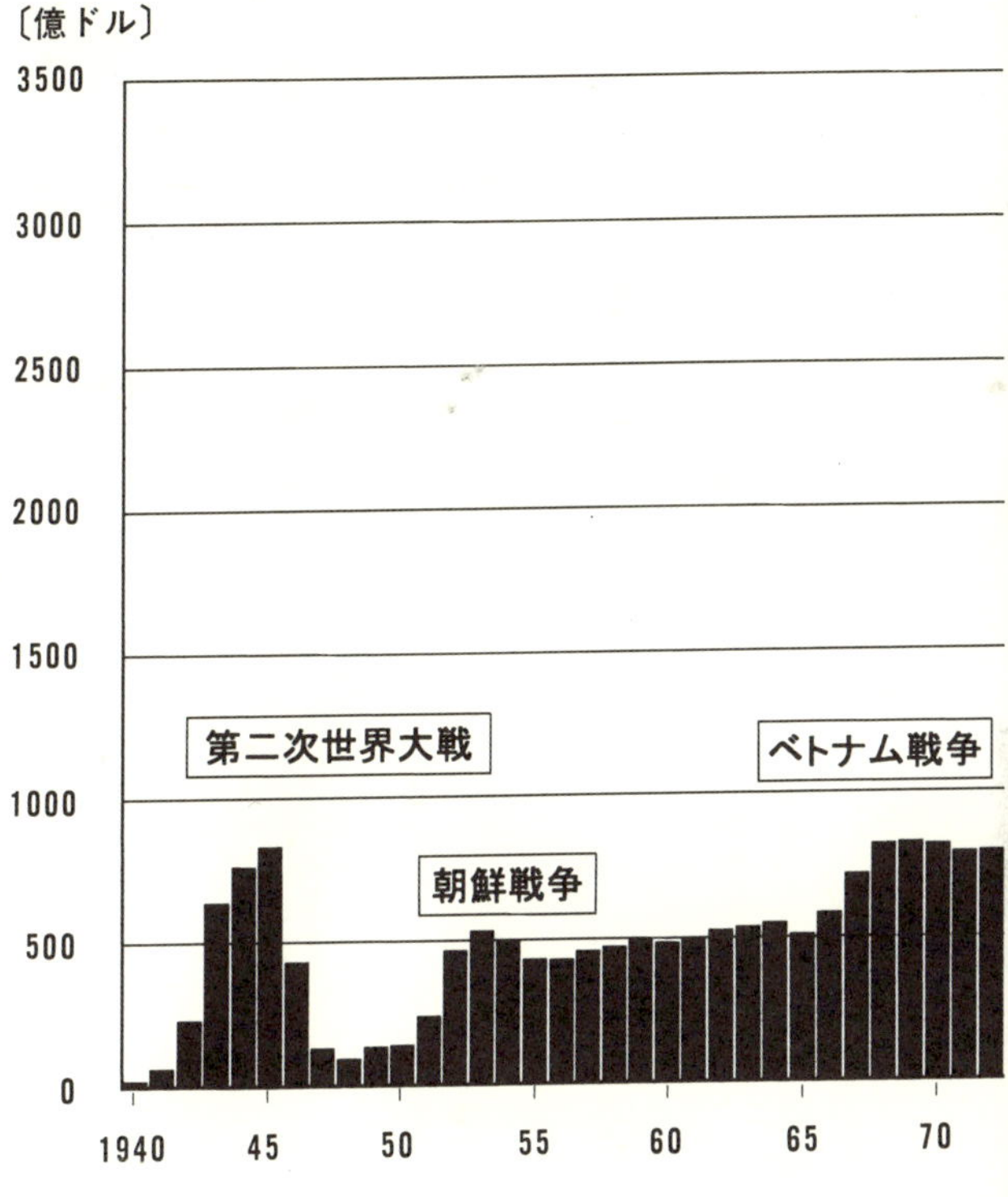

図1は、アメリカ建国以来、今日まで二〇〇年以上の長期にわたるため、一九六一年までは「一七〇年間のデータを蓄積した商務省のデータ」を用い、キューバ危機の六二年以降は「アメリカ議会予算局のデータ」をつないだものである。両者とも歳出ベースだが、統計のとり方が異なるため、二〜四パーセントの差を生じている。

戦後の軍事予算の絶対額を示す図2は、一九二一年に設立されたアメリカ会計検査院のひとつの資料が全年を網羅できるので、歳出ベースではなく予算ベースで描いた。歳出と予算は、最大一〇パーセント近くの差を示す年があるが、変動パターンは同じなので、過去二〇〇年余りのアメリカ軍需産業の軌跡を、この二点のグラフから読み取ることができる。

第一の特徴は、当然のことながら、〝軍事支出のピーク〟が〝戦争の時代〟と一致することである。アメリカとフランスの準戦争状態……アメリカとイギリスの戦闘状態……有名なデヴィー・クロケットのアラモ砦の戦い後のメキシコとアメリカのテキサス領土獲得戦争……リンカーン大統領による黒人奴隷解放と自由貿易の是非をめぐる南北戦争……スペイン艦隊を破ったスペイン戦争……第一次世界大戦……第二次世界大戦……朝鮮戦争。

特に、真珠湾攻撃によってアメリカが参戦した四一年の翌年から、大規模な軍事品の発注によって、これまでとスケールの違う巨大な軍需産業が形成され、新たに航空機産業と核兵器産業が大発展をみた。また五〇〜五三年の朝鮮戦争以後は、アメリカとソ連の東西冷戦のための代理戦争が、以後数十年にわたって二〇世紀末までくり広げられることになった。

第二の特徴は、軍事費が想像以上に大きな山を示し、軍事支出の割合が〝歳出の九〇パーセントを超える〟ことだ。最大は、南北戦争時代の一八六三年に記録した九三パーセントである。八〇パーセントを超えたことは一八一三年、一八四七年、一九四四〜四五年の三度ある。第二次世界大戦の最後の年（一九四五年）には、図1の商務省データは八一・九パーセントの軍事費歳出だが、会計検査院データでは八九・五パーセントの軍事予算となっており、ほぼ九〇パーセントであった。

第三の特徴は、一九六〇〜七〇年代、アメリカがベトナムに介入して北ベトナムに対して猛烈な爆撃を続けた〝ベトナム戦争以後の膨大な戦費〟が、図1には正しく反映されない点にある。ケネディー大統領による六二年のベトナム介入から、ジョンソン大統領による戦争拡大と、ニクソン大統領による爆撃続行、そして敗北が決定する七五年までの戦争時代は、アメリカの経済成長が加速度的に大きくなったため、軍事費が国家歳出に占める比率が過去に比べて小さく見えるようになったのである。

実際には、第二次世界大戦以後、国民総生産（GNP）に占める国家歳出が、一九世紀の平常時における数パーセントから、一挙に二〇パーセント前後に上昇し、同時に、軍事費が歳出の四〇パーセントを超える期間がほぼ一〇年も続いたので、ベトナム戦争中における軍事費の絶対額は、図1とは逆にそれまでと比較にならないほど巨大になった。したがってベトナム戦争以後における軍事費の伸びは、図2の絶対額によるほうが正しく実情を示す。

では、最も重要な〝最近の特徴〟はどこにあるか。それが次の二点である。

第四の特徴――そのベトナム戦争時代と比較して、図2における〝カーター大統領就任後の七七～八一年の軍事費の伸び〟はきわめて大きく、誰もが異口同音に発してきた「レーガンの軍拡時代」という言葉は半分誤りであることが分る。カーター時代における軍事費の伸びは、年率一五・五パーセントにも達し、レーガン時代の一一・六パーセントより大きかったのである。しかもアメリカの軍事予算は、日本における五ヶ年予算の中期防衛力整備計画（中期防）よりさらに強固に、長期的な発注予算を組み、造船やミサイル戦略のように数年にわたる仕事に大きな予算をつけて分割払いする制度である。

原子力空母メーカーのテネコや、軍用艦メーカーのリットン・インダストリーズのような企業が、安定して収入が得られるよう、はるか先の予算を、前任の大統領が決定する仕組みとなっている。したがって、レーガン政権は軍備拡張を進めたが、そのうちかなりの部分はカーター政権が決定し、カーター政権の予算はその前のフォード政権によって大きな影響を受けたものであった。

第五の特徴――〝二〇〇〇年の国防予算〟は三〇〇〇億ドル近いが、その五年後の〝二〇〇五年の国防予算〟は三三〇〇億ドルを超える金額となっている。この金額は、為替レートを一ドル＝一一〇円として三六兆円、日本の国家予算の四割を超えるとてつもなく大きなものである。一方、九九年にビル・ゲイツの資産が一〇兆円に達し、アメリカの保守的な富豪ファミリーの多くがその規模の資産を保有していることから考えれば、わずか一家族がアメリカの軍隊を左右できる危険なメカニズムを示唆している。

図2のデータは、クリントン大統領退任後の二〇〇五年までを描いており、九一年の湾岸戦争当時をしのぐ巨大なペンタゴン予算に向かって急上昇するカーブとなっている。クリントンの置きみやげは、ブッシュJr新政権と全世界をどこに連れこもうと意図されたものなのか。それは誰の差し金だったのか。

現在のペンタゴン受注企業のランキングが、その答を明かしてくれる。

世紀末に起こった軍需産業の大編成

八九年に起こったベルリンの壁崩壊から一〇年ほどのあいだに、アメリカのトップにランクされる軍需産業は、驚異的な買収と合併を成し遂げ、大合同を果たした。その経過を見るために、二つの企業ランクを図3と図4に示す。いずれもペンタゴンからの受注額トップ二五社で、最初はベルリンの壁が崩壊した八九年、第二はペンタゴンが公表した九八年ランクである。

図3　アメリカ軍需産業25社(再編前)
1989年(ベルリンの壁崩壊時)

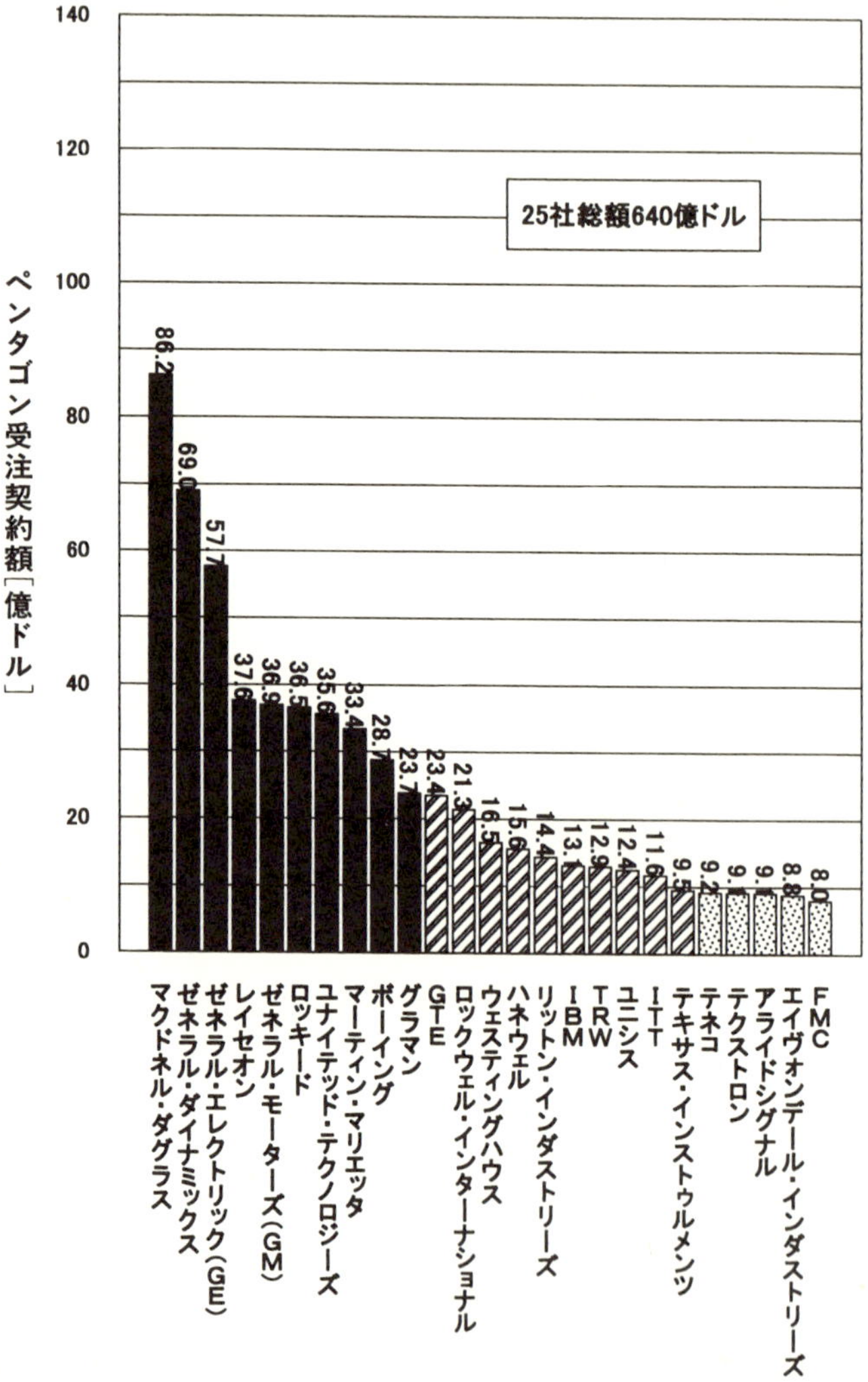

図4　アメリカ軍需産業25社（再編後）
1998年

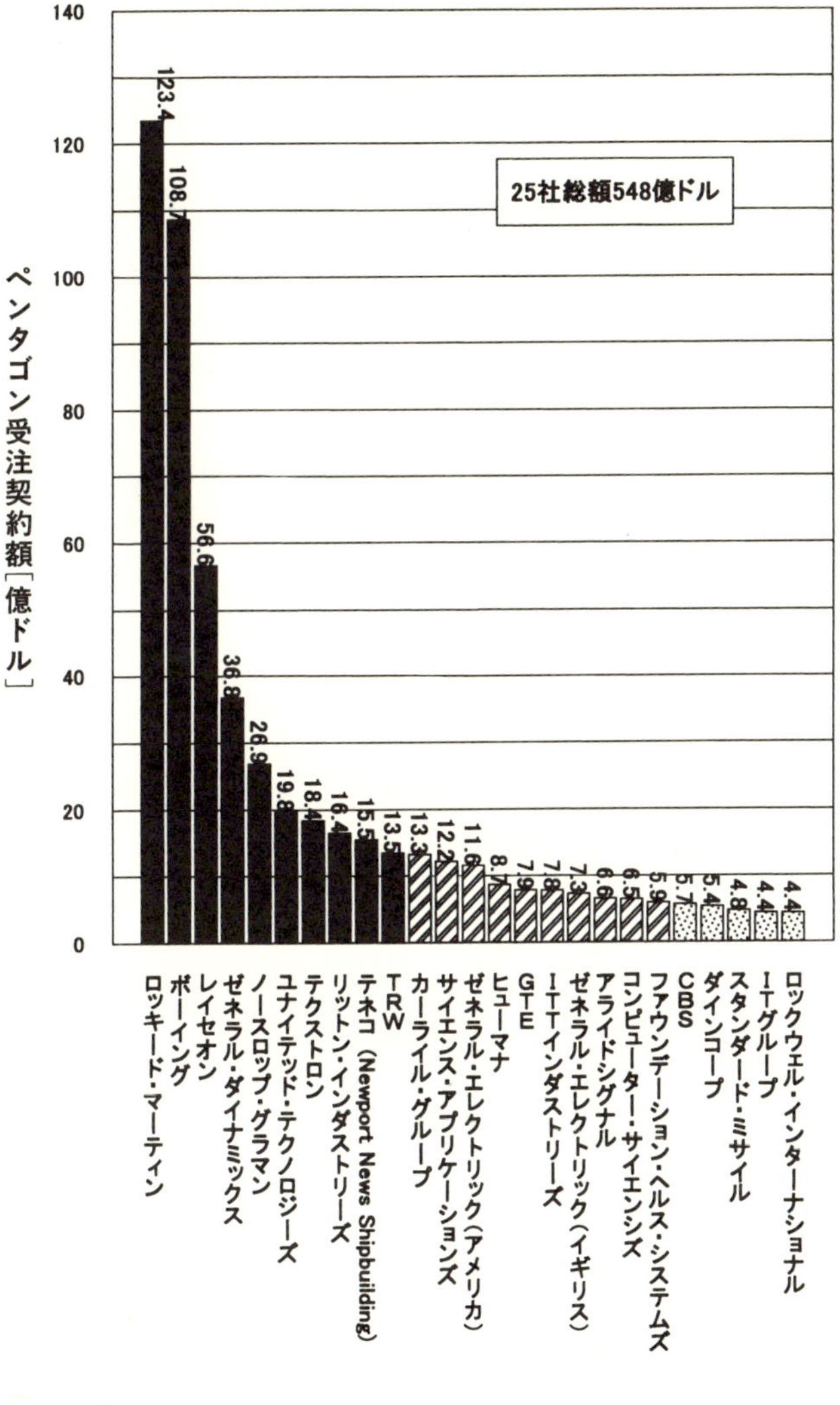

この図3以後、二〇〇〇年末までの一一年間に起こった主な買収・合併を、巻末の折り込みカラー図にまとめてある。図中の買収年月は、事業契約が成立し、財務登録された「Moody's企業年鑑」記載の正式の年月（買収完了月）を記してあるので、ニュース報道とは異なる。

このうち大きな買収・合併として、次の出来事が起こった。

★九二年八月　ヒューズ・エレクトロニクスがゼネラル・ダイナミックスのミサイル・システムズを買収。

★九二年八月　ノースロップがLTV（リング・テムコ・ヴォート）の航空機部門を買収。

★九三年二月　ロッキードがゼネラル・ダイナミックスの主力部門である戦略軍用機（主力戦闘機F16とステルス戦闘機F22製造部門・従業員二万三〇〇〇人）を買収。ロッキードの従業員が七万六〇〇〇人となる。

★九三年四月　マーティン・マリエッタがゼネラル・エレクトリック（GE）の航空宇宙部門を統合し、GEの衛星、レーダー、探知システムなどミサイル防衛に関連する航空部門を買収。GEは、航空機のエンジン製造を除いて純軍事部門から大きく撤退。

★九四年五月　マーティン・マリエッタがゼネラル・ダイナミックスの宇宙部門を買収。

★九四年五月　ノースロップがグラマンを買収。ノースロップ・グラマン誕生。

★九五年三月　ロッキードとマーティン・マリエッタが対等合併。新会社ロッキード・マーティンが誕生（九八年末までに従業員一六万五〇〇〇人のマンモス企業となる）。
★九六年三月　ノースロップ・グラマンがウェスティングハウス・エレクトリックの防衛・エレクトロニクス部門を買収。ウェスティングハウスは防衛産業から大きく撤退。
★九六年四月　ロッキード・マーティンが防衛エレクトロニクス企業のローラルを買収（ローラルは前年にユニシスの防衛部門を買収ずみ）。
★九六年八月　テネコが事業拡大のため完全子会社としてニュー・テネコを設立。同時に、旧テネコの造船事業はヴァージニア州ニューポートニューズ造船所 Newport News Shipbuilding Inc. を社名として継承。以降、ペンタゴンの受注契約会社としてランクされる企業は、テネコではなくニューポートニューズ・シップビルディングとなる。
★九六年一二月　ボーイングがロックウェル・インターナショナルの宇宙航空・防衛部門を買収し、ロックウェルは防衛産業から大きく撤退。
★九七年七月　レイセオンがテキサス・インストゥルメンツの防衛部門を買収。
★九七年八月　ボーイングがマクドネル・ダグラスを買収。
★九七年一二月　レイセオンがゼネラル・モーターズの子会社ヒューズ・エレクトロニクスから防衛部門を買収。ヒューズは防衛産業から大きく撤退。

★九九年七月　ゼネラル・ダイナミックスがガルフストリーム・エアロスペースを買収。
★九九年八月　リットン・インダストリーズがエイヴォンデール・インダストリーズを買収。
★九九年一二月　アライドシグナルがハネウェルを買収。社名をハネウェル・インターナショナルと変更。
★二〇〇〇年一月　ボーイングがヒューズの衛星製造部門の買収を発表（二〇〇一年買収完了予定）。
★二〇〇〇年一〇月　ゼネラル・エレクトリックがハネウェル・インターナショナルを買収することで合意（二〇〇一年買収完了予定）。
★二〇〇〇年一二月　ノースロップ・グラマンがリットン・インダストリーズを買収することで合意（二〇〇一年買収完了予定）。

軍需産業に働く労働者にとっては、絶えず自分の会社の名前が変るすさまじい一一年間であった。また、世界の軍事問題を注視する人にとっても、社名を見ただけでは、個々の軍需企業が抱える兵器類や内部細胞の技術的・戦略的な意味を把握することが困難になった。そこで本書では、ライト兄弟による飛行の成功以来、それぞれの細胞が今日までどのように変遷してきたか、各社の歴史的な成り立ちと中心人物の活動を紹介しながら、二〇世紀末における大編成の本質を最後の章まで追跡してみよう。

まずこの大編成の結果、九八年のペンタゴン受注額では、ロッキード・マーティンの一二三億ドルがトップで、第二位はボーイングの一〇八億ドルとなった。軍需部門の売上高では、第一位が六年連続トップのロッキード・マーティンで一六六億ドル、第二位がボーイングの一五六億ドルと拮抗し、両社とも二兆円近い軍用品売上高のうち、それぞれ七四パーセントと六九パーセントをペンタゴンからの発注に依存していた。

全体に起こった最大の変化は、同じスケールで描いた図3と図4の違いで一目瞭然、ロッキード・マーティンとボーイングの二社に、合わせて二三二億ドルという大きな国防予算が集中するようになったことである。二五社合わせたペンタゴンからの受注総額は、六四〇億ドルから五四八億ドルへと一四パーセントも減少しながら、二社の合計額は、かつてのトップ三社の獲得額より大きい。一位と二位にあったマクドネル・ダグラスとゼネラル・ダイナミックス主力部門が、下位のボーイングとロッキードに吸収されたのだから、当然である。その結果、この二社が一〇〇社の受注総額のちょうど三分の一を占めるまでに独占が進行した。司法省と証券取引委員会がよくこの独占を承認したものだ。上位一〇社の合計は、上位一〇〇社総額の六割を超え、残り四割を九〇社で分け合うという大小の差別化が明瞭になった。かつてのトップ二五社が、本物の軍事生産会社としてわずか四社に統合されてしまったのである。

新しく一四位に登場したヒューマナは、ペンタゴンの軍事用医療施設を運営し、膨大な軍人の健康管理をおこなうヘルスケアのサービス会社で、二〇位にはファウンデーション・ヘルス・システムズという医療会社もあり、いわゆる軍需産業ではない。二一世紀に入るまでに軍用機とミサイル部門で大グループとして生き残ったのは、「ロッキード・マーティン」、「ボーイング」、「レイセオン」、「ノースロップ・グラマン」の四つだけである。それらのグループは、かつての軍需大企業を一社内にかかえ、次のように巨大な細胞を有する軍事コングロマリットへと一層の膨張を見せた。

① **ロッキード・マーティン・グループ**――ロッキード＋マーティン・マリエッタ＋ゼネラル・ダイナミックスの戦闘機Ｆ16およびＦ22ステルスの製造部門＋ゼネラル・エレクトリック（ＧＥ）の衛星・レーダー・探知システム部門＋ユニシスの防衛部門＋ローラルの防衛エレクトロニクス部門＋コムサット

② **ボーイング・グループ**――ボーイング＋マクドネル・ダグラス＋ノースアメリカン・エヴィエーション＋ロックウェル・インターナショナルの宇宙航空・防衛部門＋ヒューズ・エレクトロニクスの衛星部門

③ **レイセオン・グループ**――レイセオン＋テキサス・インストゥルメンツの防衛部門＋ヒ

ューズ・エレクトロニクスの防衛部門＋スタンダード・ミサイル＋ＴＲＷ（トンプソン・ラモ・ウールリッジ）のミサイル防衛部門

④ノースロップ・グラマン・グループ――ノースロップ＋グラマン＋ＬＴＶ（リング・テムコ・ヴォート）の航空機部門＋ウェスティングハウス・エレクトリックの防衛部門＋リットン・インダストリーズ＋エイヴォンデール・インダストリーズ＋カーライル・グループ

ボーイングはこのほか、ユナイテッド・テクノロジーズの子会社シコルスキーと軍事用ヘリコプターのコマンチ製造でも合弁会社（六三位）を設立し、そこでも大きな受注があった。

ノースロップ・グラマンは、九八年時点での受注額は四位のゼネラル・ダイナミックスより小さくなっているが、八九年のノースロップ単独時代にも二五社に入っていなかった。これは、ノースロップがペンタゴンからの直接受注ではなく、トップ軍需企業の下請け生産をおこなっているためのトリックであり、事実上、ノースロップとグラマンの合体グループはとてつもなく大きい。

不思議な存在は、八九年当時第二位として六九億ドルも国からの収入に依存したゼネラル・ダイナミックスである。湾岸戦争翌年の九二年にミサイル部門をヒューズ・エレクトロニクスに売却、翌九三年に遠隔制御部門をレイセオンに売却、続いて最大の戦闘機生産拠点であるテキサス州フォートワースのF16製造工場をロッキードに売却し、九四年には宇宙部門までマーティン・マリエッタに売却してしまった。これでゼネラル・ダイナミックスには、軍用艦のほかには何も残っていないと言われたが、九七年になってロッキード・マーティンから防衛・兵器システム部門を買収し返すと、九八年には受注額三七億ドルで四位に返り咲き、九九年にはガルフストリーム・エアロスペースを買収して会社の目玉をつくり直した。ガルフは民間航空機でよく知られたメーカーだが、アメリカでは航空機の製造技術に民間用と軍事用の区別はない。

一方、ロッキード・マーティンとボーイングに国防予算が集中する構造となったため、その反動として、軍需産業から抜け出て、ほとんど民生用に移行した企業が数々ある。その代表はユナイテッド・テクノロジーズ、ゼネラル・エレクトリック（GE）、ゼネラル・モーターズ（GM）、ロックウェル・インターナショナル、ウェスティングハウス・エレクトリック、ハネウェル、アライドシグナル、ユニシスなどである。彼らは、新エネルギーの開発で燃料電池やマイクロガスタービンなど新型動力の開発に全力を注ぎ、ペンタゴンとはかなり遠い存在となった。

これらの会社は、ユナイテッド・テクノロジーズが子会社のシコルスキーで軍用ヘリコプターを製造し、GMが子会社のヒューズでミサイルから宇宙まで手がけ、ロックウェルがノースアメリカン・エヴィエーション部門で軍用機を製造してきた。いずれもその子会社部門を除けば、もともと純粋な軍需産業ではなかった。エンジンあるいは原子力産業から転じた核物質、車両、制御機器などを得意とし、それを軍需産業が購入する関係にあった。ソ連に対抗する冷戦の終結によって、核兵器の需要はほとんどなくなり、原子力産業も完全崩壊して、存在価値を失ったのである。ユナイテッドの順位はあがったが、受注金額は一一年で半分近くに落ちたのだ。

特に全米トップの優良企業と讃えられたGEは、ライバルであるユナイテッドの子会社プラット&ホイットニーと九六年に提携し、大型ジャンボの製造でボーイング向けの新型ジェットエンジンを開発するための共同体を設立した。ヨーロッパのエアバス~ロールス・ロイス連合に対抗するため、アメリカ最強のエンジン二社が手を組み、民間航空機用エンジン大連合を発足したのである。さらにアライドシグナルがハネウェルを九九年に買収すると、GEがその新会社ハネウェル・インターナショナルと二〇〇〇年一〇月に買収合意に達し、アメリカのトップに立つエンジン屋が、ほとんど一つにかたまってしまった。ハネウェルは、アライドシグナルに買収される前に、軍需部門が前述のようにスピンアウトして、アライアント・テクシステムズを設立していたので、GEに軍需製品を持ち込むこともなかった。そのGEが衛星・レーダー・探知システムといった軍需に密接な部門をマーティン・マリエッタに売却したので、このエンジン連合に残った真の軍事部門は、軍事用ヘリコプターの製造を続けるシコルスキーだけとなった。

図4にはないが、二六位以下に、かつての大きな軍需産業の名前が見られる。八九年には五位だったが、九八年に八二位まで急落したGMである。ペンタゴン受注の大半を子会社のヒューズが獲得していたが、ヒューズが防衛部門をレイセオンに売却して、さらに二〇〇〇年に衛星製造部門をボーイングに売却したので、GMはほとんど防衛産業から脱却した。

もうひとつの変化は、コンピューター業界である。エレクトロニクスなしには、ミサイルも国防もない時代となった。人工衛星は、自動車の運転位置を教えるカーナビとは精度が格段に異なる通信技術によって、戦場の状況を一メートルの誤差でペンタゴンに写真搬送する機械である。九一年の湾岸戦争と九九年のNATO軍によるユーゴスラビア空爆で、米軍はコンピューターのディスプレイ画面を見ながら、そこに見えた標的をマウスで指すだけで相手をミサイルで爆破するという、ピンポイント・リモコンゲームを展開した。秘《ひそ》かに敵の姿をとらえると、低空で敵地に侵入する巡航ミサイルでその「物体」を撃破する。人間ができないことを機械が平然とやってのけ、軍人は正常な感覚をほとんど失い、人間を殺すことに針ほども痛みを覚えなくなった。このイラクとユーゴに見た殺人実験場は、衛星を経由して全世界で受信され、他国の軍人にとって兵器の精密さを測る軍事ショーとなった。

ところが意外なことに、通信コンピューター業界は、九八年のランクではペンタゴン直接の防衛産業からほとんど手を引いていた。ロッキード・マーティンが防衛エレクトロニクス企業ローラルと通信衛星会社コムサットを買収して自らその分野に進出し、ボーイングはロックウェル・インターナショナルの宇宙航空・防衛部門を買収して、ロックウェルが持っていた軍事用衛星を使う全地球測位システム《GPS》Global Positioning Systemナヴスターを手に入れ、エレクトロニクスに進出しながら、宇宙兵器用のミサイル技術を開拓したからである。そのため、本業のエレクトロニクス屋は出る幕がなくなったのである。

世界経済を動かしてきた通信業界だが、ＩＴＴが一六位、コンピューター・サイエンシズが一九位にかろうじて入った以外は、一六位だったＩＢＭが、七二位の連邦刑務所の囚人より受注額が少なく、七三位まで落ちた。もとＧＭの子会社だったエレクトロニック・データ・システムズはインターネット構築でペンタゴンに関わってきたが四六位、モトローラ五二位、軍事部門がスピンアウトしたハネウェル六六位、ＡＴ＆Ｔ七五位、ベル・アトランティック八五位、ルーセント・テクノロジーズ九四位、デル・コンピューター九五位と、コンピューター通信業界のジャイアンツたちがみな下位に落ちた。マイクロソフトやインテルは、一〇〇位にも入らなかった。

ペンタゴン利権産業が、「軍需産業」と「平和産業」に大きく二分される一〇年間であった。

民間の平和産業にとってはまことに好ましいことだ。だが、そこから独立した軍需産業グループが、独占的膨張を続ける状況には、相当な注意が必要になる。

トップに立ったロッキード・マーティン

世紀末の二〇〇〇年に「世界最大の軍需産業」として名を刻み、二一世紀から新たな活動に入ったロッキード・マーティンとは、どのような会社か。

経済誌〝フォーチュン〟のランキングでは、二〇〇〇年の全産業トップ五〇〇社の五二位にすぎないが、九八年末に従業員一六万五〇〇〇人を抱え、兵器の生産に従事している姿は尋常ではない。九九年の売上げは二五〇億ドル（二兆七五〇〇億円）を超え、その半分以上は政府だったが、売上げの二二パーセントつまり六〇〇〇億円以上の兵器類が、同社から国外の紛争地や緊迫した地域に輸出されたのである。ロッキード・マーティンと呼ばれる新会社には、兵器とその制御マシーンが山のようにある。

ロッキード単独時代の六〇年、ソ連領空を侵犯して撃墜されたスパイ偵察用U２型機が、米ソ首脳会談を中止させ、キューバ・ミサイル危機の導火線となった事件は、ロッキードの社史に誇らしく記録されている。CIA長官アレン・ダレスの要請によって製作されたU２型機は、スパイ用偵察機の主力がSR71ブラックバードに変っても、いまだ健在である。さらに、超音速戦闘機F104やポラリス・ミサイル、宇宙ロケットで強力な兵器開発の実力を認められ、原子力潜水艦用ミサイルシステム・トライデントⅡ、対潜哨戒機P3C、ステルス戦闘機F117A、大型軍事用輸送機ハーキュリーズC130、空中電子戦システムなどを、ずらりと戦列に並べてきた。

そこに、合併と吸収によってマーティン・マリエッタの暗視システム・ランターン、パトリオット・ミサイル、ヘルファイヤ・ミサイル、カッパーヘッド・ミサイル、ゼネラル・ダイナミックスの米軍主力戦闘機F16ファルコン、F22ステルス戦闘機、原子力潜水艦トライデント、M1型戦車、トマホーク・ミサイル、スティンガー・ミサイル、スパロー・ミサイル、ゼネラル・エレクトリックのミサイル防衛用衛星・レーダー・探知システム、ユニシスの防衛用エレクトロニクス技術とコンピューター・システム、ローラルの防衛エレクトロニクス技術などが大量に加わったわけである。宇宙ロケットのタイタンとアトラスもあれば、国際的に問題となっているアメリカのミサイル防衛構想に使われるミルスター衛星もある。

この新会社が二〇世紀末から開発に最も力を入れてきたのは、統合攻撃戦闘機《JSF》Joint Strike Fighterと呼ばれる未来の戦闘機連隊である。契約を獲得すれば将来の総売上げ二〇〇〇億ドルという法外なマーケットが見込まれたからである。二二兆円の戦闘機連隊とは、どのようなものか想像もつかない。強大な軍隊国家アメリカが、いずれ宇宙人とでも戦おうというのか、誰とも分らぬ敵を想定して高性能の飛行部隊を着々とつくりあげてきた。ロッキード・マーティンでの戦闘機大部隊JSFの開発は、ブッシュJr大統領の地元テキサス州フォートワースにある元ゼネラル・ダイナミックスの戦闘機工場で進められ、それをボーイングやノースロップ・グラマンが追って激しい先陣争いを続けてきた。アメリカの空軍に納めるだけでなく、海軍と海兵隊のほか、イギリスの空軍と海軍にも納入され、さらに戦闘機F16、FA18、AV8Bを保有する国であれば、それに代る機種としてどこにでも売り込もうという計画である。

イギリスのブリティッシュ・エアロスペース（現BAEシステムズ社）は、長い滑走路なしに垂直に離着陸できるハリヤーという戦闘機を開発し、マクドネル・ダグラスと提携してアメリカ海兵隊とイギリス空軍向けに合弁製造会社を設立した。アメリカが開発に乗り出したこの戦闘・攻撃機JSFも、垂直に離着陸でき、小さな航空母艦（空母）からでも発進できる。しかも敵のレーダーではキャッチできない〝見えない戦闘機〟と呼ばれるステルス性能も持つ。この戦略攻撃部隊が完成すれば、果たしてアメリカとイギリスだけに納入されるのか。それとも、大型空母を持たない国にも普及されて、緊張を高めるのか。オリオン座オライオン、海王星ネプチューン、流星シューティングスター、銀河ギャラクシー、三つ星トライスターと、星の名前を飛行機につけるのが好きなロッキードは、次のような歴史を持っていた。

女流小説家の息子として生まれたアランとマルコムのロッキードLoughead兄弟は、自動車工のアランがシカゴで飛行機の航空術を学んでから、ふたりで飛行機の製作を決意した。一九〇三年のライト兄弟の初飛行成功から一〇年後のことであった。第一次世界大戦で飛行機の重要性を知ると、一六年には会社をつくったが、英語でLoughead Aircraftと書いたところ、みなにラッグヘッドやルーグヘッドと呼ばれるので、社名をロッキードLockheedと変え、そのころ雇っていた技術者のジャック・ノースロップが次々とすぐれた技術を開発し、一躍有名になった。現代のノースロップ・グラマン生みの親である。特に二七年にノースロップが開発した飛行機ヴェガはロッキードの目玉となり、女流飛行家アメリア・イヤハートがヴェガで大西洋を横断して世界中から脚光を浴びた。しかし時代は、ウォール街の大暴落と重なり、ノースロップもロッキード兄弟も翻弄され、巨大資本家が飛行機メーカーと飛行場を次々と買収する流れに巻きこまれて、アラン・ロッキードは怒って会社の株を売り、飛び出してしまった。

深刻な不況が続く三二年に、ロバート・グロスらの投資家グループがロッキード社を買収し、後年の巨大軍需産業の母体をつくりあげた。業界に君臨したグロス家は、ただ者ではなかった。一九世紀、全米最大の高級デパート〝A・T・スチュワート〟をつくりあげたアレグザンダー・スチュワートは、南北戦争の英雄グラント将軍の親友で、グラントが大統領に就任すると財務長官に指名されながら、貿易に従事していたため承認されなかった大物である。彼は、スティーヴン・ジラードと共に歴代富豪の十傑に入る。さらにそのデパート後継者として巨財を成したジョン・ワナメーカーは、まだ飛行機のない時代に郵政長官をつとめた。

二〇世紀に入ると、ライト兄弟の初飛行が成功し、郵便事業で一躍期待されたのが航空輸送のエアメールであった。そのため郵政長官が、航空業界に力を及ぼしはじめた。ジョンは日本YMCAの創立者としても知られるが、息子のロッドマン・ワナメーカーは面白い男であった。父からデパートの全経営権を継承後、インディアン文化に興味を抱き、歴史・文化・慣習を調べてインディアン居留地で博覧会の開催を支援するなどしていたが、一四年にグレン・カーティスの飛行パトロンとして大西洋単独横断飛行を成功させたのである。カーティスは、ライト兄弟と並んで、初期の航空機開発のパイオニアであった。

自転車の修理工だったカーティスは、オートバイのマシーンを作り、モーターサイクル・レースで優勝し、一九〇五年には全米チャンピオンとなって、次々と世界記録を樹立した。しかしそれは彼が「翼の男」となるための助走であった。やがて飛行機製作に乗り出すと、カーティス航空機会社を設立し、電話の発明家アレグザンダー・グラハム・ベルが組織した全米航空実験協会の実験部長にカーティスが選ばれた。一九〇八年には飛行機の開発で大成功をおさめ、その後は自らパイロットとして操縦桿を握って空を飛び、次々と飛行記録を塗り替えた。当時は、ライト兄弟の飛行機の特許に抵触しないことは難しく、みなライトに特許料を支払ったが、ライトの飛行機がプロペラ二つで飛行するのに対して、カーティスの飛行機はプロペラ一つで、構造もかなり異なり、図抜けた性能を発揮した。ライト兄弟はそれが気に入らず、特許侵害でしつこくカーティスを訴えた。

そのカーティスにデパート王ワナメーカーが資金を出し、大西洋単独横断飛行を成功させたのである。天才カーティスはニューヨークの資本家に会社を売却したが、会社はのちにライト航空を吸収合併してカーティス・ライト社となり、その資本家によってチャールズ・リンドバーグの大西洋無着陸横断飛行を成功させる道が拓かれていった。というのは、ライト航空に君臨した社長のチャールズ・ローランスは、義弟が鉄道王W・アヴェレル・ハリマンで、ローランス兄妹の父の再婚相手が、合衆国銀行の初代頭取トマス・ウィリングの直系子孫であった。つまり全米一の富豪アスターの一族でもあった。こうして全米の航空機の特許が大富豪の手に落ちたのだ。

このようなワナメーカーの一族が、ロッキード中興の祖ロバート・グロスだったのである。これが、アメリカ資本の本流として今日まで続く軍需産業であった。当初はまだ輸送機が活躍する時代だったが、三九年にヒットラーのナチス軍がポーランドに侵攻し、第二次世界大戦が勃発すると、ロッキードがヴェガの新型機を次々と戦場に送り、軍需産業としての性格があらわになった。ロッキードマン・ワナメーカーは第二次世界大戦中に軍人を接待する社交界の中心人物となり、「アメリカ大洋横断会社」社長として、大いに飛行士を支援した。

ロッキードはただちに、プロペラ機ではなく、ガスの噴射力で飛べるジェット戦闘機の極秘の開発計画に着手した。そして四四年一月にはジェット機の初飛行に成功したが、実戦には間に合わず、ドイツのメッサーシュミットに先手をとられ、アメリカ国内でもベル航空機が先に開発し、後れをとった。ロバート・グロスと弟のコートランド・グロス兄弟は、社内に秘密プロジェクトチームを組織し、戦後はジェット戦闘機でアメリカ第一位の座を虎視眈々と狙っていた。飛行機は完成していた。必要なのは、その性能をテストする実戦だけであった。

その時期が訪れた。五〇年に勃発した朝鮮戦争である。マッカーサーからリッジウェイへと司令官が変るなか、国防総省に納められたロッキードのジェット戦闘機F80が活躍する初舞台を与えられたのである。ハリウッド映画『慕情』は、朝鮮戦争を背景に美女ジェニファー・ジョーンズと名優ウィリアム・ホールデンがくり広げる悲恋となり、全米が戦地に赴いた軍人に思いを馳せ、多くのアメリカ人が主題曲に涙した。二〇〇〇年まで南北朝鮮が完全に分断され、決定的な憎悪を生んだのが、このアメリカ介入であった。

すでに超音速F104戦闘機も成功を収め、グロス兄弟は以前にも増してペンタゴンと密着するようになった。六一年に兄ロバートが死去すると、弟コートランド・グロスが後を継いで会長となったが、六七年にベトナム戦争が激しさを増すなかで退任し、ダニエル・ホートンとカール・コーチャンが後継者となった。この両人は、商用ジェット機がつくった膨大な赤字を解消するため、国外売り込みに精力を注ぎ、コーチャンが巨額の賄賂を外国要人に渡しはじめた。日本では、七六年二月に久保卓也・防衛事務次官が「次期対潜哨戒機ＰＸＬの導入にあたって、七二年一〇月に国産化が白紙になったのは、当時の田中角栄首相、後藤田正晴官房副長官、相沢大蔵省主計局長が決定した」と発言し、ロッキードの哨戒機Ｐ３Ｃオライオンを輸入するためであった容疑が生まれると、大疑獄事件に発展した。対潜哨戒機とは、敵の潜水艦の襲撃に備えて警戒する軍用機である。

ついにはコーチャン社長が田中首相らに賄賂を贈ったことが露顕し、同時にオランダではベルンハルト殿下の収賄が発覚し、インドネシア、イタリアでも贈収賄が明らかになった。しかしロッキード事件の実態は、それ以上に根深かった。贈賄はコーチャンにはじまったことではなく、ロッキードだけがやったことではなかったからである。軍需産業を統括するＣＩＡ（中央情報局）と国務省と国防総省が承認した上で、ホワイトハウスの国策として、軍需産業によって政治的に国外への航空機輸出が実施され、偶然か故意にか発覚したのが七〇年代のロッキード事件であった。

七六年にホートンとコーチャンが辞任したのちも、ロッキードの体質は変らず、さらに巧みにホワイトハウスを動かすようになった。レーガン〜ブッシュ時代の軍需産業を動かした上院軍事委員会のサム・ナン委員長は、一時は大統領候補ともなった大物だが、かつて五〇年代に下院軍事委員長として君臨し、海軍を強化したカール・ヴィンソンの一族である。ナンがジョージア州から民主党の上院議員として立候補した時、彼を強力に支援したのがロッキードであった。ナンは情報委員会のメンバーとしてCIAに深く関わり、表向きはレーガンの戦略防衛構想スター・ウォーズを非難し、冷戦終結で国防予算の縮小を主張したが、九三年にはボスニア空爆を鼓舞し、国家ミサイル防衛構想NMDに大規模な予算をつけさせ、その金がロッキード・マーティンに流れるよう議会を導いた。

その一方で、ロッキードは次々とほかの会社を買収しながら、国外への兵器輸出にも手を打った。ブッシュ政権が九二年に設立したアメリカ政府の軍需製品貿易諮問グループ議長にジョエル・ジョンソンが就任し、このグループのメンバー五七人のうち五四人を、主な兵器輸出企業の重役が占めた。クリントン大統領が就任してから、グループは九五年四月に報告書を国務長官ウォーレン・クリストファーに提出し、紛争に関与する国に戦闘機を輸出してはならないとする制限禁止条項を、大統領やペンタゴンの恣意的な裁量で輸出できるよう、ほとんど骨抜きにしてしまったのである。このジョンソンこそ、国際航空宇宙産業協会副会長で、実は対等合併したばかりのロッキード・マーティンの代理人であった。

もうひとりの大物は、九五年からロッキード・マーティンの社長、翌年から最高経営責任者に就任したノーマン・オーガスティンであった。彼はニクソン〜フォード政権時代にペンタゴンで陸軍長官補佐官と陸軍次官としてホワイトハウスの軍事予算を取り仕切ったのち、マーティン・マリエッタに移籍した。そして軍需産業の合同重役会議 Defense Policy Advisory Commitee on Trade の議長となったが、これは兵器輸出に関する極秘資料を国防長官に提供する組織で、クリントン政権の国防長官レス・アスピンらに強力なロビー活動を展開した。オーガスティンは産業界のまとめ役をつとめて世界トップの戦争企業を支配し、サム・ナンの議会活動と連動してきたのである。二〇〇〇年一二月に波乱の大統領選挙が決着した直後、アメリカのメディアでブッシュJr政権の国防長官候補としてオーガスティンの名前が最初にあがったのはそのためである。

ロッキード・マーティンの重役室で、最も特異な存在、それはリン・アン・チェニーという女性であろう。彼女の夫は、ほかならぬ湾岸戦争を指揮したブッシュ政権の国防長官ディックことリチャード・ブルース・チェニー、すなわち二一世紀最初にスタートしたブッシュJr政権の副大統領その人である（日本の報道界ではチェイニーとしてきたが、スペルはCheney、伸ばしてもチェーニーなので、本書ではチェニーと記す）。軍需産業に関わる人脈は、以上のように民主党と共和党の区別なく、二〇〇〇年末に大統領選挙で起こったフロリダ州での民主党対共和党の票争いは、軍事大国として見れば、ひとつのゲームにすぎなかった。

マーティン・マリエッタとゼネラル・ダイナミックスの重役室

ロッキードと一体化したマーティン・マリエッタは、ライト兄弟やカーティスと並んで、初期のアメリカ航空界をリードした技術者グレン・マーティンの生んだ飛行機会社である。マーティンは、マクドネル・ダグラス創業者のドナルド・ダグラスと組んで一九〇七年にグライダーを製作し、翌年には我流でテスト飛行機を製作すると、初期の数少ない飛行機工場を設立して、一九〇九〜一六年にかけては、飛行速度、高度、航空時間の記録を持つ全米一のパイロット兼エンジニアとなった。

一三年には現在の国防総省にあたる戦争局から初めて注文を受け、国外へも飛行機を輸出するうち、一七年にライト兄弟の会社と合併してライト・マーティン航空機会社を設立したが、自由にならないためグレン・マーティン社を新たに設立した。そして陸軍・海軍用にマーティン爆撃機を製作するうち、第二次世界大戦という大きな時代を迎えると、B10、B26など多数の機種を製造して戦地に送り出し、朝鮮戦争中の五二年に会長を辞任するまで航空界に大きな力をおよぼした。六一年にアメリカン・マリエッタと合併して社名をマーティン・マリエッタとし、核兵器とミサイルと宇宙部門に力を入れはじめたのは、後継者ジョージ・バンカー社長の時代であった。

以来四〇年、GEの航空宇宙部門を統合し、衛星、レーダー、探知システムなど宇宙のミサイル防衛利権の獲得に力を注いだが、この会社が持つホワイトハウスへの影響力は、ロッキード・マーティン最高経営責任者に就任した前述のオーガスティンだけでなかった。六九〜七三年にかけて、ニクソン政権第二期の国防長官をつとめてベトナム戦争を続行したメルヴィン・レアードが、マーティン・マリエッタ重役であった。二〇〇〇年末に公開された外交文書が物語るように、七〇年九月一四日に訪米した中曾根康弘防衛庁長官との会談で、「われわれは日米安全保障条約の義務のもとで、日本防衛のためにあらゆる種類の兵器を使用することを公式に約束する」と発言し、日本国民が知らぬところで、はっきりと核兵器の日本持ち込みを約束したのがレアードである。

後年のレアードは、民間の投資グループに入って投機に熱中し、証券取引委員会の理事をつとめた。二〇〇〇年時点でレアードが在籍したサイエンス・アプリケーションズ・インターナショナルは、原爆を開発したロスアラモス国立研究所のジョン・ベイスターが設立したベンチャー軍需産業で、九八年のペンタゴン受注額で一二位という高位にのしあがった。序章に紹介した元統合参謀本部副議長デヴィッド・ジェレミアが、リットン・インダストリーズに移籍後、リットンがそのサイエンス・アプリケーションズのテクノロジー部門を買収して、重役レアードと密議をこらしながら、両社を育てた。九〇年にマーティン・マリエッタ社長に就任したトマス・ヤングが、ロッキード・マーティン副社長となり、サイエンス・アプリケーションズ重役を兼務する仲だったからである。

　レアード国防長官のもとで、統合参謀本部に入った陸軍最高司令官ジョン・ヴェッシーJrの名前はほとんど知られていない。のちレーガン政権の八二〜八五年にかけて統合参謀本部議長という最高ポストに就いた彼の履歴には、民間の重要な役職が書かれていない。しかしマーティン・マリエッタの重役室名簿には、米軍総司令官を退任したあとのヴェッシーの名前がある。

　続くクリントン政権では、大統領が最初に指名したＣＩＡ長官がＲ・ジェームズ・ウールジーJrであった。彼も六八〜七〇年にかけてペンタゴン幹部としてベトナム戦争を推進し、国家安全保障会議《NSC》で情報機関の秘密資料を握ってから、カーター政権で海軍次官のポストにのぼりつめた。ところが九一年から民間に転ずると、マーティン・マリエッタの重役室に入り、続いて九三年からＣＩＡ長官に抜擢され、ホワイトハウスを動かしてきたのである。

　新生ロッキード・マーティンのもうひとつの巨大細胞は、戦闘機という最大の輸出製品をつくる元ゼネラル・ダイナミックスの工場である。この会社は、一九世紀に誕生したので、もとは飛行機会社ではなかった。第二次世界大戦後の五二年にエレクトリック・ボート社と合併してから、軍艦と戦闘機の製造に主力を注ぐようになった。八二年には自動車メーカーのクライスラーから防衛部門を完全買収し、全米第二位の軍需産業として君臨したが、巨大となっただけに、八九年のベルリンの壁崩壊による反動が大きく、九三年にロッキードに戦闘機部門を売却する苦境に追いこまれたのである。

ゼネラル・ダイナミックスの経営者として有名なのは、経済誌〝フォーブス〟で億万長者のベストテンに名前を連ねたレスター・クラウンである。この一家が富を形成した物語は謎に満ちていた。父親のヘンリー・クラウンは、アメリカ人好みのサクセスストーリーにふさわしく、貧しいリトアニアの移民で、クリンスキーという姓だったが、アメリカに渡って改姓した。砂利業者のマテリアル・サービスという会社をつくったが、一九一九年に会社がゼネラル・ダイナミックスに買収されると、クラウンはじっとその株を育てあげ、戦後の五一年に全米をあっと驚かせる挙に出た。

アメリカの国家的シンボルであるエンパイア・ステート・ビルディングを買収してしまったのである。その時のヘンリー・クラウンの弁やよし。

「これはエンプティー・ステート・ビルディング（空っぽの建物）だ」

デュポンとJ・P・モルガンが支配し、名画でキングコングが登った名物ビルを買うのに、どこにその大金があったか、誰も知らない。しかしヘンリー、レスター、ジェームズと三代続いたクラウン・ファミリーは、ヒルトン・ホテル、ウォルドーフ・アストリア・ホテル、トランスワールド航空《TWA》、ソロモン・ブラザースの重役として大きな影響力を持つ投資家となり、レスター・クラウンがゼネラル・ダイナミックス会長として八〇年代の軍需産業を動かした。アメリカンドリームとして、できすぎた話であった。

　ヒルトン・ホテルのオーナーであったコンラッド・ヒルトンが、ＣＩＡ生みの親のウィリアム・ドノヴァンの親友であったこと……あるいはジョン・Ｄ・ロックフェラーの孫ウィンスロップ・ロックフェラーの妻が貧しい元ミス・リトアニアのバーバラ・ボボ・シアーズで、その結婚式にウォルドーフ・アストリア・ホテルのアスターらが列席していたことなどから、この〝貧しい〟移民クラウン家のうしろには、とてつもない富豪がいると憶測されたが、結局ミステリーは解かれないまま、ヘンリー・クラウンは九〇年にこの世を去った。

　しかしそのロックフェラーのスタンダード石油インディアナ（アモコ）が七八年のイラン革命で全資産を奪われそうになり、翌年にテヘランのアメリカ大使館が占拠されると、石油利権を守るために体を張って大使館員救出作戦を実行に移した男がいた。ＣＩＡのフランク・カールッチ三世である。彼は七八年からＣＩＡ副長官に抜擢され、八一年に国防次官、八七年には軍需産業に発注する国防長官となった。このカールッチの名前が、ゼネラル・ダイナミックス重役室の名簿に記録されていたのだ。

　九〇年代には、スティンガー・ミサイルがアメリカから大量にユーゴスラビアなどの紛争地に密輸されていることが明らかになり、そのメーカーであるゼネラル・ダイナミックスの秘密の活動が問われたが、国連事務総長ブトロス・ガリの特別代表としてユーゴスラビア和平交渉共同議長をつとめたサイラス・ヴァンスは、六二年から陸軍長官、六四年から国防副長官、六八年からベトナムに関するパリ和平会議のアメリカ代表、七七年から国務長官を歴任した国際軍事問題の超大物であった。和平の推進役ヴァンスがちょうどその時、問題のミサイル・メーカーであるゼネラル・ダイナミックス重役室に入っていたのである。

アメリカの巨大軍需産業は、どのようにホワイトハウスを動かしてきたのか。

第2章　軍閥のホワイトハウス・コネクション

マクドネル・ダグラス社のF15イーグル

ペンタゴンに潜む軍需産業の保護者たち

国防総省はペンタゴンと呼ばれる。

陸軍・海軍・空軍を統合した国防総省が設立されたのは冷戦がはじまった一九四七年だが、ペンタゴン・ビルは、その前の第二次世界大戦中に陸軍省のためにつくられ、四三年一月に完成した。現在の国防総省の本部は、公式な住所が、連邦政府のある首府ワシントンDCの番地になっているが、ポトマック川を挟んで、実際に巨大な五角形の建造物が建っているのは、ヴァージニア州アーリントン側である。

国防総省は、奥の深い魔窟である。その3E880号室に国防長官のオフィスがある。五角形を英語でペンタゴンということから、こう呼ばれる国防総省は、三万五〇〇〇坪という途方もない面積のオフィスビルに、二万三〇〇〇人の職員と軍人が勤務し、内部には地球を四周する長さの延べ一六万キロメートルにも達する電話線が張りめぐらされている。

ペンタゴンが戦争のために生み出し、いまやほとんどのアメリカ人と膨大な地球人が使うようになった戦略用の情報通信技術〝インターネット〟で、瞬時に全世界の情報を処理するための電話線だ。ペンタゴン・ビルから伸びる電線は、直接あるいは通信衛星を介して、ホワイトハウスと全世界のアメリカ大使館、CIA基地、陸海空軍すべての本部と実動部隊に接続されている。この回路は、日毎に新しい暗号技術を取り入れて更新されている。二〇〇〇年一〇月には、九六年にGMから独立したエレクトロニック・データ・システムズが、ペンタゴンから六九億ドル、ほぼ七〇〇〇億円という巨額の予算で、海軍と海兵隊用コンピューター・ネットワークの構築・運営を委託された。

その一方で、国防総省はインターネットをフルに利用して、過去の戦争のヒーローと歴史から、現在の国防予算まで詳細に一般公開する。軍需産業もそれに応えて、おどろおどろしい爆撃機やステルス戦闘機やミサイル発射の写真を、インターネットで堂々と公開する。それが〝アメリカの敵〟リビアにもイラクにも北朝鮮にもキューバにも見られることを承知で、むしろ充分な威嚇になると読んで、貴重な記録を提供する。同時に、ペンタゴンのホームページ利用者のコンピューターに対して、ペンタゴン側から逆侵入できる仕掛けにもなっている。

ニクソン政権時代に、国防長官レアード（前述のマーティン・マリエッタ重役）と組んで国防副長官をつとめたデヴィッド・パッカードは、有名な大富豪であった。カリフォルニア州シリコンバレー生みの親で、世界第二のコンピューター売上げを記録する大企業ヒューレット・パッカードの創業者である。ネットスケープ、ヤフー、シスコ・システムズといった現代の通信業界の大立者にとって、九六年に死去したパッカードは、カリフォルニア州に大きな文化をもたらした伝説の人だ。パッカードが育てたスタンフォード大学から、彼の後を追って新テクノロジーの開発が進められたからである。インターネットはただ偶然にペンタゴンから生まれたのではなかった。国防副長官をつとめたパッカードは、世紀末に軍需産業第二位となったボーイングの重役という顔を持っていたのだ。航空機メーカーとして、軍事用と民間用を合わせると、ロッキード・マーティンをはるかにしのぐ世界最大の売上げを誇り、〝フォーチュン〟誌の二〇〇〇年全産業ランキングで第一〇位に入ったのがボーイングである。

彼ばかりでなく、ヒューレット・パッカード幹部のジョン・フェリーもまたボーイング重役として活動してきた。ペンタゴン受注で第五位という高位にランクされた時代のGM会長トマス・エヴァーハートも、ヒューレット・パッカード重役と子会社ヒューズ・エレクトロニクス重役のほかに、レイセオン重役として軍用機とミサイルの生産に力を入れた。

ペンタゴンと軍需産業は、人間が互いに出入りする関係にあったのだ。ここまで述べた、国連軍最高司令官リッジウェイ将軍がコルト・インダストリーズ重役……GHQ総司令官マッカーサーがレミントン・ランド会長……国防副長官パッカードがボーイング重役というのは比較的古い話だ。

しかし統合参謀本部副議長ジェレミアがリットン・インダストリーズとアライアント・テクシステムズとスタンダード・ミサイル（レイセオン）重役……海軍大西洋艦隊司令官・NATO大西洋連合軍最高司令官ミラーがアライアント・テクシステムズ会長兼最高経営責任者……

上院軍事委員会のナン委員長がロッキード代理人……国防長官チェニーの妻リンがロッキード・マーティン重役……国防長官レアードがマーティン・マリエッタとサイエンス・アプリケーションズ・インターナショナル重役……統合参謀本部議長ヴェッシーがマーティン・マリエッタ重役……CIA長官ウールジーがマーティン・マリエッタ重役……CIA副長官・国防長官のカールッチがゼネラル・ダイナミックス重役……陸軍長官・国防副長官・国務長官のヴァンスがゼネラル・ダイナミックス重役……これはすべて、九〇年代の出来事であった。勿論彼らがかかわったのはこれら直接の軍需品メーカーだけではない。

初代の国防長官ジェームズ・フォレスタルは、軍事投資で急成長した投資会社ディロン・リードの社長から転じて海軍次官、海軍長官を経て、国防長官となった。彼は退任してわずか二ヶ月後に精神を病んでメリーランド州ベセスダの海軍病院の窓から投身自殺し、全米を驚愕させた人物である。このような人間が全世界の生命をあずかっていたとは、心理学者や伝記作家がどのように説明したところでおそろしい話である。ベセスダの町は、新生ロッキード・マーティンが本社を構える軍需産業の総本山で、ペンタゴンと至近の距離にある。

息子のマイケル・フォレスタルは、父の自殺後、軍事問題を動かすようになった。マイケルは第二次世界大戦後の四八年から五〇年にかけて、航空業界に力を持つ鉄道王アヴェレル・ハリマンの補佐官に抜擢され、経済協力局パリ本部に勤務してマーシャル・プランを推し進めたのち、ケネディー政権になってホワイトハウスに入った。六二年から国家安全保障会議のベトナム専門官となり、ホワイトハウスのベトナム政策を動かしはじめたのだ。ケネディー暗殺後も、軍事強行論を展開しながら、泥沼のベトナム戦争をリードし、ジョンソン大統領の補佐官として国家安全保障会議で権勢をふるった。六四年七月には、各省間のベトナム調整委員会で議長に就任し、ジャクリーン・ケネディーのカンボジア訪問に同行するなど、絶えずホワイトハウスのアジア問題で力を発揮した。彼はこのような外交政策を国防総省・国務省の背後から操る巨大なビジネス組織、外交関係評議会のメンバーであった。

その一方で、弟のピーターが父の後を継いでディロン・リードの軍事投機ビジネスに明け暮れていたのである。アメリカをベトナム戦争の泥沼に導き、空から枯葉剤ダイオキシンを散布させた張本人は、フォレスタル家の収入を生んだディロン・リード社長C・ダグラス・ディロンだったからである。フランス大使となったディロンが「ベトナムは危機にある」とアメリカ政府を煽ると、大統領補佐官マイケル・フォレスタルがそれに応え、「高価な戦争を覚悟しなければならない」とケネディー大統領を挑発した。ベトナムの独立を求めて決起した民族組織ベトコンについて、「ベトコンの死者二万人は考慮するに値しない人間たちである」とまで発言した男だ。高価な戦争こそ、その利益を手にする軍需産業にとって必要な条件であった。

この資本の原理は、二〇世紀末に至るまで継承されてきた。九三年の北朝鮮によるノドン・

ミサイル発射事件という機をとらえて、ウィリアム・ペリー国防次官がその危険性を拡大解釈し、翌年ペリーが国防長官になると、ミサイル防衛計画は歴史上例を見ない大きな軍事予算を組むプロジェクトへと発展した。

「ならず者国家のミサイルから全米を守るためには、国家ミサイル防衛のネットワークが必要である。またミサイル攻撃の脅威にさらされる日本と台湾にも、同様の戦域ミサイル防衛構想が必要となる」という声が議会で高まり、アメリカでのミサイル撃墜実験がスタートした。

国家ミサイル防衛 National Missile Defense をＮＭＤといい、戦域ミサイル防衛 Theater Missile Defense をＴＭＤと略すが、政府組織と軍事評論家は、ＩＣＢＭ、ＳＤＩ、ＳＬＡＭ、ＳＡＬＴ、ＪＳＦ、ＦＳＸ、ＡＭＲＡＡＭ、と素人が混乱する略号を好む。戦域ミサイル防衛構想では、ロッキード・マーティンが陸軍用に開発してきたＴＨＡＡＤ《サード》（戦域高高度域防衛システム）Theater High Altitude Area Defense と、ボーイングとレイセオン（旧ヒューズ防衛部門）の二社が担当するスタンダード・ミサイルシステムが柱になり、後者は海軍がイージス艦を使って発射する。イージス艦とは、艦船を狙って多数のミサイルが同時攻撃してきても対処できるアメリカ海軍のイージス戦闘コンピューターシステムを装備した軍艦のことで、空母と一体となって攻撃力を高める。そのため北朝鮮からの攻撃に備えなければならないとして、日本ではアメリカのライセンスを得てイージス艦が次々と完成し、アメリカの空母インディペンデンスなどが続々と横須賀、佐世保、小樽に入港した。ところが、いざ九八年八月三一日に北朝鮮がテポドンというおもちゃのようなミサイル（北朝鮮によればミサイルではなく人工衛星用のロケット）を発射し、日本上空を通過する事件が起こった肝心の時に、日本とアメリカの最新鋭頭脳はこのロケットを探知することさえできずにうろたえた。

これまで一度も報道されなかった事実は、その後、ずっと北朝鮮と日本と韓国を往来し、ミサイル問題と核疑惑の調整官という役割を果たした元国防長官ウィリアム・ペリーが、ミサイル防衛の主たる受注企業であるボーイングの重役室に入っていたことである。ペリーは、九九年のユーゴスラビア・コソボ紛争に大量の軍用ヘリコプターを供給したシコルスキーの親会社ユナイテッド・テクノロジーズ重役のほか、巻頭に紹介した統合参謀本部副議長デヴィッド・ジェレミアが重役となった軍事投資銀行でも会長となっていたのだから、紛争地への銃器セールスを国防総省と統合参謀本部の幹部がおこなっていたことになる。ペリーの出自は『アメリカの経済支配者たち』（集英社新書）に述べたので割愛するが、ブッシュ大統領家は、黒船のペリー提督の子孫であるフロリダ州の大富豪ジョン・ホリデー・ペリーJrの近い親戚にあたり、民主党政権下で国防長官だったウィリアム・ペリーもその一族という関係にあった。ウィリアム・ペリーが八一～八五年にかけて重役をつとめた投資会社ハンブレヒト&クイストの会長ゴードン・マックリンも、マーティン・マリエッタ（現ロッキード・マーティン）重役であった。

NMDとTMDの主契約企業であるボーイングとロッキード・マーティン両社に、そのハンブレヒト&クイストが投資資金を集中してきたのである。

ペリーが国防長官の時代に、その脇役の国防次官をつとめたのは、ジョン・マーク・ドイッチであった。彼はベトナム戦争時代に国防総省のシステム・アナリストとして活動し、以後は主にマサチュセッツ工科大学《MIT》で国防関連技術と核兵器を中心に、学部長や事務長として勢力を拡大してから、九三年に国防次官となった。特に彼が担当したのは、産業界のパイプとなる兵器調達という任務であった。北朝鮮のミサイル騒動があった翌年に国防副長官に昇進し、九五年からはCIA長官という要職に就き、北朝鮮情報をしきりと議会に流した。ところが退任後の九九年、CIA在職中に高度機密情報を自宅のコンピューターでプライベートに取り扱っていたことが発覚し、議会で問題となった。ペリーと呼吸を合わせて暗躍したこのドイッチは、その後どうなったのか。

二〇〇〇年に、軍需産業第三位のレイセオン重役室に、彼が現われたのである。しかも二〇〇一年一月に退任する直前のクリントン大統領が、ドイッチの機密漏洩問題を不問にし、恩赦を与えてしまったのだ。彼の父マイケル・ジョゼフ・ドイッチは一九〇七年のロシア生まれで、ロシア革命を逃れてベルギーに移住後、第二次世界大戦中にアメリカに移住して経済学博士となり、大戦中に戦時生産委員会で副委員長をつとめた。その当時から、一家は軍需産業と密着していた。

当時は国防長官が存在せず、事実上の最高司令官は陸軍長官ヘンリー・スティムソンであった。トラスト法違反を担当する連邦特別検察官から一挙にタフト政権の陸軍長官となった彼は、二七年からフィリピン総督となった。彼と相前後してフィリピンにいたのが、ダグラス・マッカーサーであった。二九年にフーヴァー大統領がスティムソンを国務長官に、マッカーサーを陸軍総司令官に任命し、両者のアジア戦略が並行して進められた。日本が満州（現・中国東北部）を軍事支配するアジアの恐怖時代に突入すると、日本とアメリカは激しく対立し、国務長官退任後のスティムソンは三七年に「アメリカとイギリスは日本への軍事物資輸出を停止しなければならない」と提唱し、一触即発の危機を迎えた。四〇年には全軍をあずかる陸軍長官に就任したが、そこで迎えたのが四一年の真珠湾攻撃という事態であった。圧倒的に悪かったのは、日本である。アメリカの軍事戦略があったとはいえ、マッカーサーたちがフィリピンを育てようと努力したのに対して、日本は一方的な侵略と略奪に明け暮れた。スティムソンは日本が敗北した翌月の四五年九月二一日まで陸軍長官の職にあり、空軍も共同作戦部隊として傘下に置いていたので、ルーズヴェルト～トルーマンの両政権にわたって第二次世界大戦の全期間を指揮した人物であった。

同時に、四一年から原爆を開発するマンハッタン計画を主導し、トルーマン大統領に原爆使用を強く進言したのがスティムソンであった。彼の取り巻きには、ウォール街の投資家があまりにも多すぎた。共和党のタフト大統領とフーヴァー大統領、民主党のフランクリン・ルーズヴェルト大統領に長官として仕えた彼は、父がルイス・アターバリー・スティムソンといい、そのミドルネームが示す通り、一八九七〜一九一二年の一六年という長きにわたってニューヨーク証券取引所の会頭職に君臨したウォール街最大の実力者ジョン・アターバリーと従兄弟であった。ヘンリー・スティムソンは、その一族の権勢をもって、若くして長官に出世したのである。

その後、ペンタゴンを支配した長官をざっと見ると、朝鮮戦争が勃発した時の国防長官ルイス・ジョンソンは、攻撃機メーカーであるヴァルティー航空機の重役であった。ジョージ・C・マーシャル国防長官は、戦後のヨーロッパを復興させたマーシャル・プランによってアメリカの金融力を世界に知らしめた国務長官としての名声のほうが大きい。アメリカが四八年からの四年間で、マーシャル・プランによってヨーロッパ諸国に援助した総額は一三五億ドルに達し、二〇世紀末換算で一〇兆円の価値を持っていた。マーシャル自身は、パンナムの重役として航空業界に関わったが、この計画《プラン》のほとんどを実行したのは、商務省の実業顧問協議会委員長から第二次世界大戦中の生産管理局原材料部長や海外武器貸与主席行政官をつとめた財閥当主のアヴェレル・ハリマンであった。朝鮮戦争勃発によって国防長官に任命されたマーシャルが、国家安全保障会議でマッカーサーの強行作戦に反対し、マッカーサーを罷免《ひめん》させたのもハリマンの意見に従ったからであった。

マーシャルの国防副長官から国防長官となったロバート・ラヴェットは、ハリマンの投資会社であるブラウン兄弟社の一族で、彼らが現在のメリル・リンチの主要細胞となっている。アイゼンハワー政権では、自動車王国デトロイトからGM社長チャールズ・ウィルソンがペンタゴンに入ったが、彼もノースアメリカン・エヴィエーション（後年のロックウェル・インターナショナル）という戦闘機メーカーの重役であった。後継者の国防長官トマス・ゲイツは、GEの重役となり、戦闘機用エンジンと核兵器の開発に大きな利権を見出した。ケネディ～ジョンソン政権ではフォード・モーターの社長ロバート・マクナマラが国防長官となって、ケネディーにベトナムへの地上部隊派遣を促し、介入を強く勧告した。マクナマラは次のジョンソン政権時代の六四年、ベトナムのトンキン湾で米艦が北ベトナムに攻撃されたと決めつけ、北ベトナムへの容赦ない攻撃を実行させながら、その経過について二〇世紀末にベトナムを訪れて、謝罪するどころか自分は何も知らなかったかのように大嘘をついてベトナム幹部を憤激させ、二一世紀まで生き延びた。これらGM、GE、フォードは、自動車会社や電機メーカーというより、当時は軍需産業と核兵器産業の中枢をになう部隊であった。かつて自動車王ヘンリー・フォードの雇った技術者ジェームズ・マクドネルが、マクドネル・ダグラスの創業者であった。三社とも常時ペンタゴン受注額で二〇位以内にランクされ、マーティン・マリエッタよりずっと大きな資金をペンタゴンから受けていたのである。

ジョンソン政権最後の国防長官クラーク・クリフォードは、GE、デュポンという核兵器産業のお抱え弁護士だった。長官退任後の七九年には、マクドネル・ダグラスの経営者ジェームズ・マクドネル三世らがフィリピン、韓国など外国高官への賄賂で告訴された時にクリフォードが同社の弁護士として登場し、さらにアジア、中東、中南米を食い物にする投機業界で暗躍して、九二年には起訴されるまで腐敗していたのである。ニクソン政権のエリオット・リチャードソンはルーズヴェルト家の近親者で、一族にデュポン家などの富豪がぞろぞろと揃っていた。セオドア・ルーズヴェルト大統領の孫カーミット・ルーズヴェルトJrは、CIAの工作員からノースロップ代理人となって、兵器商となっていた。ニクソン大統領の時代に、ノースロップ重役を死の商人アドナン・カショーギに会わせたのが、そのルーズヴェルトであった。

映画『キリング・フィールド』に描かれたカンボジアの殺戮《さつりく》時代を招いたジェームズ・シュレシンジャー国防長官は、リーマン・ブラザース・クーン・レーブ商会重役として投機を本業とし、「核戦争を堂々とやろうではないか」とまで放言した男だ。彼はその前に核兵器開発に熱中する原子力委員会委員長とCIA長官を歴任したが、カーター政権で原子力産業を推進するエネルギー長官になった時には、女優のジェーン・フォンダから「シュレシンジャーをエネルギー長官にするのは、ドラキュラを血液銀行総裁にするようなものだ」と攻撃を受けた。

フォード政権の国防長官ドナルド・ラムズフェルドは、二一世紀に再びブッシュJr政権の国防長官として登場した。彼の履歴について、アメリカのメディアはこう報じた。

——ラムズフェルドは退任後に医薬品業界のG・D・サールで会長をつとめてきたが、最近はプライベートなコンサルタントとなり、共和党の国家安全保障サークルを形成しながら、そのリーダーに選ばれ、九八年に衝撃的なレポートを発表した。

「イランと北朝鮮の弾道ミサイル技術は、これまでわが国の情報機関が掌握している以上に進んでおり、大きな脅威となっている。国家ミサイル防衛網の構築は迅速に進められなければならない」と。これはブッシュJr政権が国家ミサイル防衛NMDプロジェクトを推進する大きな論拠となろう——

ところがこれらの報道には、重要な視点が抜けていた。彼はエンジン製造メーカーのベンディックス重役だけでなく、シアーズ・ローバックでは国防長官カールッチと同僚重役で、同時に、軍事シンクタンクのランド・コーポレーションを二人三脚で動かしてきた。ランドという組織の母体は、銃砲製造会社のレミントン兵器と、海軍技術を専門とするスペリー・ランドで、そこからマッカーサー会長のレミントン・ランドが誕生し、ランド・コーポレーションに変貌した。八〇年代にこの理事長に就任したのが、ラムズフェルドだったのである。しかしスペリー部門は、コンピューターメーカーのバローズが買収後、八六年にバローズがユニシスと社名を変更し、その防衛部門を九五年に防衛エレクトロニクス企業のローラルが買収したかと見るまに、翌九六年にロッキード・マーティンがローラルを買収した。細胞は今、ロッキード・マーティンにあるのだ。

ラムズフェルド理事長とカールッチ理事が支配したランド・コーポレーションは、ロッキード・マーティンと姉妹関係を保ちながら、ミサイル防衛の必要性を認めさせるため議会に圧力をかけた。NMD理論をランドが進め、NMD製造をロッキード・マーティンが進める。ラムズフェルドがニクソン政権の経済局長に就任した時、彼が補佐官に選んだのがディック・チェニーで、それから四半世紀後に、今度はチェニー副大統領がラムズフェルドを国防長官に選んだ。チェニーの妻リンが、ロッキード・マーティン重役に就任したのはそのためであった。

カーター政権のハロルド・ブラウン国防長官は、カリフォルニア工科大学の学長をつとめながらそのランド・コーポレーションの理事として軍事シンクタンクの役を果たし、IBM重役として軍事用インターネットの構築につとめた。レーガン政権のキャスパー・ワインバーガーらについては、興味深い人脈を第3章で後述する。

これら歴代の陸軍長官と国防長官に対して、その下で働く官僚レベルでは、さらに大量の軍需産業～ペンタゴン・コネクションが見られる。

ベトナム戦争時代の国防総省戦略技術局長ケント・クレサは、九〇年からノースロップの会長兼最高経営責任者となり、九四年からは合併したノースロップ・グラマンのトップとなり、同時にペンタゴンの国防会議にも参加してきた。八〇年代の国防次官補ジャック・ボースティングは、ノースロップ・グラマンとマクドネル・ダグラスの両社で重役となった。逆に産業側からペンタゴンへも、ノースロップ副社長だったロバート・ペイジが八七年から陸軍次官補となったように、数々の人材が流れた。軍需産業とペンタゴンが、それぞれの資料を持ち出し、行き来するメカニズムができているのである。

軍用機部門が巨大化したボーイング

九七年八月にボーイングがマクドネル・ダグラスの買収を完了するまでには、合併の話が表面に出てから一年七ヶ月、実際の交渉では三年の歳月を要した。航空業界と司法省にとっては、それほど大きな世界的事件であった。

民間航空機産業で世界一位のボーイングが三位のマクドネル・ダグラスを吸収した結果、従業員二〇万人、年間売上げ四〇〇〇億ドル、五兆円近い企業が誕生したのである。軍用機を専門とするロッキード・マーティンと違って、ボーイングは宇宙分野で図抜けており、アメリカ航空宇宙局《NASA》最大の受注契約業者であった。この合併には、エアバスで世界をリードしようとするEU（ヨーロッパ連合）が強力に反対したが、司法省が合併を認めるというアメリカの国策には勝てなかった。

本社を太平洋側のワシントン州シアトルに構えてきたボーイングは、同地で創業以来八五年目の二〇〇一年に、経費節減のため年内の本社移転計画を打ち出した。移転先の候補地は、イリノイ州シカゴか、テキサス州ダラス・フォートワース地区、ないしはコロラド州デンヴァーであった。航空機の製造工場は移転しないが、全従業員二〇万人のうち、ほぼ八万人を擁する地元シアトルは強く反対した。二一世紀に突入しても、まだ航空機業界は激動期にある。一体、何が起こっているのか。

最近のボーイング製の軍用機としては、早期警戒機《AWACS》Airborne Warning and Control System が売り物であった。これはボーイング767の機体にレーダーとコンピューターを装備したもので、強力なレーダーで敵機を探し出し、危機と判断すれば防空警報を発して、他機などに迎撃するよう管制指令を発する。そのため、〝空飛ぶ司令塔〟と呼ばれ、日本には一機七七〇億円で売り込みをかけたが、最後に値引きして五七〇億円で四機を受注した。本体だけで合計二〇〇〇億円を超えたが、整備費に一〇〇〇億円以上を食う化け物である。

このようなジャンボ企業となったボーイングも、その誕生は、ライト兄弟の飛行からはじまった。南北戦争直後に生まれたウィルバーとオーヴィルのライト兄弟は、ドイツの技術者オット—・リリエンタールがグライダーの実験をおこなって一八九六年に死んだ後、グライダーに興味を抱き、九九年にスミソニアン博物館宛てにグライダーについての論文を寄稿した。やがて小型の風洞を使った緻密な実験を重ねたのち、苦心の末一九〇二年にグライダーを飛行させることに成功すると、その翌年に歴史的快挙が成し遂げられた。一九〇三年一二月一七日、空を飛ぶには気象局の風のデータが全米で最も良好だったノースカロライナ州キティーホークで、弟のオーヴィル・ライトが人類として初めて、モーターとプロペラを使った飛行機で一二〇フィート（三六メートル）飛行することに成功したのである。兄ウィルバーも八五二フィート、五九秒間の飛行に成功した。

一九〇九年にはアメリカン・ライト飛行機製造会社を設立し、この年、世界初の軍用機が正式に採用された。アメリカ全土に飛行機の開発熱が燃えあがるなか、ニューヨークで陸軍の飛行機製造を担当していたフレデリック・レントシュラーという男が、彼らと共にライト航空会社を設立した。この人物は、兄が二九年からニューヨーク・ナショナル銀行頭取になり、連れ子の婿がディーン・ウィッター、つまり現在の世界投資の頂点に立つモルガン・スタンレー・ディーン・ウィッターの創業者ファミリーという資産家であった。

東海岸でこのような飛行熱が熟す一方、太平洋側のシアトルでは、ウィリアム・ボーイングとコンラッド・ウェスターヴェルトの二人が、一六年に初の水上飛行艇を成功させていた。ノースロップやカーティス、ロッキードたちが続々とこの飛行レースに参加する時代であった。そして二五年、エンジンを製造するプラット&ホイットニーという会社をレントシュラーが設立し、ボーイングにエンジンを供給しはじめたのだが、二七年に航空界の第二の快挙が成し遂げられた。チャールズ・リンドバーグが大西洋無着陸横断に成功したのである。

この成功に刺激されて、何百という航空輸送会社がアメリカに誕生した。二八年にボーイングたちは、もうひとりの航空機設計者チャンス・ヴォートと組み、三者でボーイング航空機輸送会社を設立することになった。野心家の三人レントシュラー、ボーイング、ヴォートは、飛行機業界を独占しようとしたのである。当時、飛行機用にエンジンを製造できる会社は、ほかに前述のカーティス・ライトしかなく、驚異的な買収と合併がおこなわれた。

二九年に大合同が成し遂げられ、ボーイング、ユナイテッド航空機、チャンス・ヴォート、ノースロップ航空機、プラット&ホイットニー航空機、シコルスキー・エヴィエーション、そのほかハミルトン、スタンダードなどの航空機会社が一つになったのだ。ユナイテッド航空機輸送会社の社名通り、全米最大の航空ネットワークを形成しながら、創業者の三人はいずれも大富豪となった。結局、アメリカには三大航空グループしかなくなり、第一がボーイング・グループ、第二が鉄道王アヴェレル・ハリマンとリーマン・ブラザースが支配するグループ、第三はニューヨークの金融家クレメント・キーズが二八年に設立したノースアメリカン・エヴィエーションであった。しかもハリマンたちもすぐにボーイングに合流し、グループは二つになったのである。

ところがユナイテッドが大合同した五年後の三四年、この会社は独占禁止法違反の容疑で査問を受け、独占の実態が明らかになって解体を命ぜられた。ウィリアム・ボーイングは全株を売り払って退社し、西部の製造部門だけをシアトルに統合した。これが今日のボーイングの母体となった。一方、東部の製造部門は、レントシュラーのユナイテッド・エアクラフト（今日プラット&ホイットニーとシコルスキーを子会社に持つユナイテッド・テクノロジーズ）に統合され、輸送部門はまた別にシカゴのユナイテッド・エアライン（ユナイテッド航空）として再出発した。

このような前史を持つボーイングは、世界中のジャンボジェット機を製造し、民間航空機メーカーの王者として君臨してきた。機種ナンバーにいずれも〝ラッキー７〟をつけたジェット旅客機のボーイング７０７から７７７へとすぐれた航空機を生み出し、全世界の人に利用されてきた。それでも八五年八月一二日、羽田発大阪行きの日本航空ボーイング７４７ＳＲ型機が群馬県御巣鷹山《おすたかやま》の尾根に墜落して乗員・乗客五二〇人が死亡する史上最悪の航空機事故が起こり、九六年七月一七日にはトランスワールド航空《TWA》のボーイング７４７型機がニューヨークのケネディー国際空港を離陸後に爆発し、乗員・乗客二三〇人全員が死亡する事故によって、ボーイングは大きな打撃を受けた。航空機は必ず事故を起こすものだと乗客は知っている。

しかしボーイングのもうひとつの顔は、拡大される軍事部門にあった。ジェット旅客機を普及させる一方、爆撃機として空飛ぶ要塞B17フライング・フォートレスや成層圏の要塞B52ストラト・フォートレスを世に送り出し、なかでも第二次世界大戦中に日本上空を襲ったB29は、爆撃機の代名詞となった。アメリカの戦争の歴史から、航空機メーカーが軍用機の製造に踏み出すことは避けられない。ところがそれとは異なる性格の出来事が起こりはじめた。

九九年三月下旬、NATO軍によるユーゴスラビア全土に対する空爆がはじまった。五月四日のことだったが、フロリダ州ケープカナベラルで通信衛星を積んだボーイングの最新型デルタ3型ロケットが打ち上げられ、軌道投入に失敗したというニュースが流れた。翌五日には、アルバニアに配備されていた米軍の戦車攻撃用ヘリコプターAH64アパッチが夜間訓練中に墜落して、NATO軍が初めて死者二人を出した。七日にはNATO爆撃機が搭載する巡航ミサイルを大量に使ったため、残りが少なくなり、核兵器搭載型ミサイルを通常型ミサイルに改造するよう、NATO軍がボーイングに発注したと報じられた。巡航ミサイル・トマホークは一発一〇〇万ドルを超え、一ヶ月で二〇〇発以上を消費して、数百億円分がたちまち消えたという。

これら一連のニュースに登場したデルタロケットと巡航ミサイル・トマホークとアパッチ・

ヘリコプターを製造してきたのは、ボーイングというより、ボーイングが呑み込んだ会社、戦闘機が売上げの五割を占めるマクドネル・ダグラスであった。またマクドネル・ダグラスを呑み込む前のボーイングは、ロックウェル・インターナショナルの宇宙航空・防衛部門を買収し、そのロックウェルは航空機開発の初期に第三グループだった名門ノースアメリカン・エヴィエーションを呑み込んでいた。さらに二〇〇〇年には、ボーイングがヒューズ・エレクトロニクスの衛星製造部門を買収し、三菱重工業と航空宇宙技術の開発について包括提携した。この一社ずつがいずれも、それまで航空界に覇を競ってきた大企業である。社史を分けて追跡しないと、二一世紀の新生ボーイングの実態は到底つかめない。

二〇世紀末のボーイング重役名簿で特筆すべきは、前述のウィリアム・ペリー元国防長官だが、C・H・グリーンワルトという重役も忘れてはならない。第一次世界大戦で四割の火薬と弾丸を供給した死の商人デュポン社で、大戦翌年から社長・会長を歴任したイレネー・デュポンの娘婿は、同じイニシャルのクロフォード・ハロック・グリーンワルトであった。イレネーの弟ラモット・デュポンは兄を継いでデュポン社長・会長を歴任し、二九〜三七年にはデュポンが買収したGMの会長もつとめた。このラモット・デュポンが、スティムソン陸軍長官らと原爆を製造する極秘のマンハッタン計画を進め、ボーイング製爆撃機B29が日本に原爆を投下したのである。ワシントン州ハンフォードの再処理工場でプルトニウムが製造され、化学会社デュポンがその中核となったからである。ワシントン州のデュポンとボーイングは、同じプロジェクトに取り組んだ仲であった。

デュポン家の娘婿クロフォード・ハロック・グリーンワルトは、そのとき原爆開発の中心人物で、戦後はデュポン当主に代って四八年から六七年までの二〇年間、社長・会長としてデュポンを支配した。というよりアメリカの核兵器開発の全政策を動かし、キューバ・ミサイル危機最大の黒幕となった人物である。その息子が同姓同名なので、ミサイル防衛構想が進む時代に、二代目がボーイングに入ったと推測される。ミサイル防衛構想と核兵器については、第6章で詳述する。

ロザンヌ・リッジウェイという女性重役も気がかりだ。リッジウェイ将軍との姻戚関係は不明だが、彼女は八一年のレーガン政権発足と同時に、アレグザンダー・ヘイグ国務長官の特別補佐官となった。ヘイグは軍需産業としてピークにあった時代のユナイテッド・テクノロジーズ社長ポストからホワイトハウスに転じた人物であり、彼女はその後、西ドイツ大使、国務次官補へと出世して、首脳会談などのヨーロッパ担当官として辣腕をふるった。その外交官が、軍用機輸出に力を入れるボーイング重役となったのだ。

もうひとり、アメリカの財閥史に欠かせないジョージ・ハント・ウェイヤーハウザーもボーイング重役となった。フレデリック・ウェイヤーハウザーは北部のほとんどの森林を支配し、ダム、製材所、土地、農場、銀行を経営して一時は全米一の金持と呼ばれ、一九世紀末の資産がロックフェラーをしのぐ時代もあった。歴代富豪の一四位に数えられるが、その曾孫のジョージは、大富豪の子供であったために幼児期に誘拐された事件も体験し、生き延びてボーイングの幹部となった。大地主である彼の存在は、北部ワシントン州にあって、ボーイングの雇用や工場立地に非常に重要な意味を持っていた。

新生ボーイングの細胞は、多彩である。巨大な軍需産業が維持される原理は、一般に議論される地域紛争や民族対立ではなく、大部分がこれらの人脈と、軍需投資と、地元労働者の雇用にあるので、会社の成り立ちが最も重要な鍵となる。地域紛争はその結果として引き起こされる現象なのである。

セントルイスの支配者マクドネル・ダグラス

ボーイングと一体となったマクドネル・ダグラスは、以下のようにして生まれた。

技術者でパイロットだったジェームズ・マクドネルは、リンドバーグが快挙を成し遂げた翌年に自分の飛行機会社を設立し、テスト飛行で大怪我をしながら転々と会社を移ったが、三三年にはグレン・マーティン社の主任技師となり、三九年に自立してミズーリ州セントルイスにマクドネル航空機を設立した。ゼネラル・ダイナミックスが九〇年代にヴァージニア州へ本社を移転するまで、同社と共にペンタゴン受注トップを争ってセントルイスを航空機産業のメッカとしたのは、その地に英雄リンドバーグがいたからである。

セントルイス生まれの軍隊飛行士ウィリアム・ロバートソンは、一九年にセントルイスに自分の飛行場を建設し、その事業にアルバート・ランバートが参加した。この人物は、ランバート製薬の創業者ジョーダン・ランバートの息子であった。父の後を継いだ社長アルバートは一九〇〇年のパリ・オリンピック大会でゴルフの金メダリストとなった無類のスポーツ屋で、一九〇八年に飛行船、一一年には飛行機のライセンスをとり、全米五人の飛行パイロットに数えられた。二〇年には地元セントルイスにトウモロコシ畑を購入して滑走路を建設したのである。ロバートソンと組んでから、滑走路はランバート・セントルイス飛行場に発展するが、二六年にロバートソンの会社がシカゴ〜セントルイス間の郵便輸送許可を受けてエアメール事業を開始した。その輸送パイロットのひとりが、チャールズ・リンドバーグという男であった。

アルバート・ランバートはリンドバーグに一〇〇〇〇ドルの小切手を渡し、ロバートソンらの支援を受けたリンドバーグが二七年五月二〇日に愛機〝スピリット・オブ・セントルイス〟に乗り込んでニューヨークを発つと、翌日パリに無事着陸して大歓呼を受け、大西洋無着陸横断飛行に成功した。ロバートソンの会社はその後カーティス・ライト航空機に買収されたが、第二次世界大戦では彼がパイロット育成に力を入れ、多数の航空関連企業の幹部をつとめて、ランバートと共にセントルイスの航空機ビジネスを発展させていった。というのは、アルバートの弟ジェラード・ランバートが、四二年には戦時生産局長となってアメリカの軍需産業を動かし、ジェラードの二人の娘婿がＮＡＴＯ大使ジョン・マッカーシーと石油王ポール・メロンという大物だったからである。そればかりか、ジェラードの妻はグレース・ランシングであった。ハリソン政権でワナメーカー郵政長官と共に働いたジョン・フォスター国務長官の甥にあたるのが、ウィルソン政権のロバート・ランシング国務長官で、彼女はその一族であった。さらにそのランシング国務長官の甥がアイゼンハワー政権のジョン・フォスター・ダレス国務長官であり、弟がＣＩＡ長官アレン・ウェルシュ・ダレスであった。

すでに数々の航空機メーカーの歴史を追った通り、航空マニアが知る愉快豪放な飛行機パイオニアとメカニックは、優秀であると認められた瞬間、ただちに財閥の手に落ち、やがて軍閥の最重要兵器へと育てられた。マクドネル航空機が、このような国家安全保障の本拠地セントルイスに居を構えたのも、それが動機であった。

マクドネル社は軍用機に力を入れ、第二次世界大戦では工場がフル稼働して、大戦末期にはセントルイスの大企業となった。終戦後はジェット戦闘機に威力を発揮しはじめた。航空機は、Ｂ：Bomber が爆撃機、Ｃ：Cargo が輸送機、Ｆ：Fighter が戦闘機、Ｈ：Helicopter がヘリコプターと、それぞれの頭文字をとって命名されるが、オカルト趣味のあるマクドネルは、Ｆ２

Hバンシー（精霊）、F3Hデーモン（悪魔）、F4ファントム（幻・幽霊）、F101ヴードゥー（黒魔術）と次々に神がかり的な名前の戦闘機を開発した。朝鮮戦争ではマクドネル社の戦闘機が大量に使用され、六一年にはアメリカ最初の人間が乗った人工衛星マーキュリー・カプセルを製造して宇宙技術に進出した。アメリカの宇宙時代に第一歩を切り開いたマーキュリー計画の主契約会社がマクドネル航空機で、その重役室からNASA長官ジェームズ・ウェブを生み出し、有名なケネディーのアポロ計画が生まれたのである。この経過は第6章の宇宙開発史に述べる。だがそのころすでにファントムⅡを開発したマクドネル社は、ベトナム戦争に大量の戦闘機を送り込み、戦火たけなわの六七年に、ダグラス航空機を吸収する形で合併し、マクドネル・ダグラス社を誕生させるに至った。

そのダグラス航空機は、ライト兄弟に刺激されたドナルド・ダグラスが、やはり設計者グレン・マーティンに育てられて生み出した会社であった。一九二〇年にロサンジェルスに自分の会社を設立すると、マーティン社から数人の技術者を引き抜いて長距離飛行機の製作に着手し、二一年にダグラス社と命名した。海軍向けに魚雷投下用の爆撃機ダグラス・トーピードを製作して戦争局で好評を得ると、二四年には世界一周一五日間という飛行機を成功させ、続いてTWA：Transcontinental & Western Air——後年のTrans World Airlinesの総支配人ジャック・フライと提携して開発を進めた。ところがこのフライ（本名ウィリアム・ジョン・フライ）

は、鉄道王一族のコーネリアス・ヴァンダービルト四世と妻を分け合っていた。複雑でいまだ正確な関係は不明だが、ヴァンダービルトは七回結婚し、ハリウッドのスタント・パイロットだったフライが少なくとも二回結婚し、両人の妻となったヘレン・ヴァーナーが少なくとも三回結婚していることだけしか分らない。フライは大富豪で飛行記録保持者のハワード・ヒューズの相棒で、ヒューズが所有するTWAの社長でもあり、当時のTWAはチャールズ・リンドバーグを抱える会社であった。

このような関係で、ドワイト・アイゼンハワー将軍（大統領）の兄アーサー・アイゼンハワーがTWA重役となり、第二次世界大戦と共にダグラス航空機は軍用機の製造に没頭していった。特にSBDドーントレスという攻撃機は、ミッドウェー海戦で日本の四大空母に艦上急降下爆撃をおこない、撃沈して日本海軍を壊滅させた機種として勇名を馳せた。ところが戦後の六〇年代にはダグラス航空機が莫大な赤字を抱えて倒産寸前となり、六七年にマクドネルと合併してマクドネル・ダグラスになったのである。そのため合併後にダグラス家は支配力を失い、実質的にマクドネル家に完全に買収される結果となった。この年の新生マクドネル・ダグラスは、ペンタゴンの受注額ですでに全米トップに立っていた。

新会社スタート後は、ジェームズ・マクドネルが会長兼最高経営責任者となり、七〇年代から息子のジェームズ三世とジョンに甥のサンフォード・マクドネルという一家の三人が経営陣となって、ベルリンの壁崩壊の八九年にもペンタゴンの受注額で全米トップの地位を保っていた。旅客機ＤＣ10で大型航空機に進出したほか、ホーカー・シドレー（現ＢＡＥシステムズ）の垂直離着陸機ハリアーＡＶ８Ｂのライセンス製造を開始し、ジェット戦闘機Ｆ４ファントム、Ｆ15イーグル、Ａ４スカイホーク、ＦＡ18ホーネットを続々開発したが、七九年にジェームズ・マクドネル三世たちがフィリピン、韓国などの外国高官に賄賂を贈ったことが発覚して告訴され、前述のように元国防長官クリフォードが弁護士として登場したのである。ペンタゴンの機密資料はほとんどこれら軍需産業に流れ、相互に受注契約をコントロールしていることが暴露されたのだ。ＤＣ10は七九年にシカゴの空港で大事故を起こし、乗客二七三人が死亡する結果を招いたことから、改造されてＭＤ11となった。

ミサイルの売上げが一六パーセントを占め、戦闘機のほかにＡＨ64アパッチヘリコプター、打ち上げロケット・デルタ、輸送機ＭＤ80などを製造してきたマクドネル・ダグラスは、純粋な戦闘屋である。八四年にはヒューズ・ヘリコプターズの全株を買収し、マクドネル・ダグラスのアパッチとシコルスキーのブラックホークを合わせると、世界の軍事用ヘリコプター輸出の八〇パーセントを占め、米軍の斬り込み部隊である海兵隊がこれらのヘリコプターで紛争地を徘徊してきた。

ところが九〇年四月には、さしものマクダネル・ダグラスも冷戦の崩壊には勝てず、三〇〇〇人の配置転換（事実上のレイオフ）を打ち出し、九一年の湾岸戦争後にはステルスA12戦闘機を製造する五七〇億ドルの受注計画がキャンセルとなって、ついにはゼネラル・ダイナミックスと連携して、ワシントン政府を連邦裁判所に訴えるまでの苦境に陥った。九六年にボーイングがマクドネル・ダグラスを合併することで合意し、マクドネル・ダグラス最高経営責任者のハリー・ストーンサイファーが新生ボーイングの社長に就任したのは、そのためであった。軍需産業の王座にあったマクドネル・ダグラスという社名は、九七年八月一日、ファントムとなって消えたのである。

マクドネル・ダグラスは、レーガン政権の国防次官補ジャック・ボースティングや地元の権力者ウィリアム・ダンフォースを重役室に迎えてきた。後者の弟は、ミズーリ州選出の上院議員で、CIAの活動をチェックする上院特別情報委員会のメンバーとして活動してきた日本叩きのジョン・ダンフォースであった。もうひとりの日米摩擦の立役者リチャード・ゲパート下院議員も、同じミズーリ州セントルイスを地盤とし、マクドネル・ダグラスの支援を受けてきた。女性下院議員のビヴァリー・バイロンはセントルイスではなく、ロッキード・マーティンの本拠地メリーランド州選出だが、NASAの顧問となり、マクドネル・ダグラスの重役となった。

名門ノースアメリカン・エヴィエーションの消滅

ロックウェル・インターナショナルは、八九年にペンタゴン受注額で一二位だったが、一一年後には二五位にかろうじてランクされ、受注額は二一億ドルから四億ドルへと五分の一に激減した。ロックウェルの防衛部門が、ボーイングに買収されたからである。その部門こそ、ボーイングの統合攻撃戦闘機JSFの新たな開発中核部隊であり、カリフォルニア州エドワーズ空軍基地でデモンストレーション飛行をくり返す軍用機の精鋭部隊であった。巨額の受注が見込まれるこの分野で、ボーイングがロッキード・マーティンに勝つ可能性を秘めていたのは、ロックウェルの航空機部門として世界のトップ技術を持つノースアメリカン・エヴィエーションであった。

前述のように、リンドバーグが大西洋無着陸横断に成功し、何百という航空輸送会社がアメリカに誕生したなかで、ニューヨークの金融家クレメント・キーズが一九二八年に設立したのがノースアメリカンであった。ノースアメリカンはライト・エンジン社と組み、イースタン航空やトランスコンティネンタル航空など四五の航空輸送会社を運営しながら、グループの主力であるカーティス航空機とライト・エンジンが、莫大な利益をあげていた。

ところが二九年のウォール街大暴落によって、これらの株券が紙切れとなり、三〇年にはほとんどの航空会社を切り売りし、最後にはノースアメリカン本体まで、ラモット・デュポンとJ・P・モルガンの支配下にあるGMに買収されてしまった。この大恐慌当時、アメリカで潤沢な資金を持っていたのがモルガン・グループとロックフェラーだけだったからである。キーズは退社を余儀なくされ、ドナルド・ダグラスのもとで旅客機を開発した技術者あがりの副社長ジェームズ・キンデルバーガーが三五年にノースアメリカンに引き抜かれて社長となった。同時に、GMが航空輸送部門を売却したため、ノースアメリカンは航空機の製造メーカーに徹することになった。

第二次世界大戦に突入すると、陸軍用にB25爆撃機などの軍用機を大量生産して、政府から莫大な資金を得た。戦後は平和の余波で急速に予算が縮小されたため、敗戦国ドイツから導入した技術でジェット航空機の開発に進出し、音速に迫るジェット機F86セイバーを開発したが、四八年にGMがノースアメリカン株を売却してしまったのである。大きな後ろ楯を失って独り歩きしなければならなくなった会長のキンデルバーガーは、トルーマン大統領が宣言する冷戦時代に向けてロケットと原子力部門を設立すると、ナチスのV1・V2ロケットを開発したヴェルナー・フォン・ブラウン博士を主軸に据え、ドイツの技術によってソー、ジュピター、レッドストーン、アトラスなどのロケットを次々と打ち上げることに成功した。

ところがこの宇宙開発は、米ソの最も大きな対立を生み出す素地となった。六一年四月にソ連が宇宙船ヴォストーク1号でユーリ・ガガーリン少佐による人類初めての宇宙飛行に成功したため、アメリカ政府は大々的に宇宙開発に力を入れることになった。マクドネル・ダグラスが主契約会社となったこのプロジェクト「マーキュリー計画」は、ノースアメリカンとの協力態勢で、一ヶ月もたたない五月五日、アトラスロケットを使ってアラン・シェパードを打ち上げることに成功したが、人間の乗ったロケットが一五分の弾道飛行をしただけで、宇宙の軌道には乗らなかった。

一方ノースアメリカンは、超音速機の開発に力を入れ、六四年五月一一日には、GEのエンジンによって音速の三倍という超音速爆撃機XB70ヴァルキリーを完成し、カリフォルニア州パームデールで公開した。航空マニアが「歴史上、最も美しい機体」と呼んだこの飛行機こそ、後年ヨーロッパで開発されたコンコルドのモデルであった。カーティス・ルメイ空軍長官は、長距離の燃料補給を必要とせず、超音速で相手からの攻撃を受けない爆撃機を求めていた。それがこの飛行機であった。ところが六六年六月八日、夢の超音速機のXB70二号機が、カリフォルニア州上空でほかの戦闘機四機と非常に近接しながら編隊を組み、データ収集のためのテスト飛行中、悲劇が起こった。NASAのF104と接触して、両機とも墜落する大事故を起こしてしまったのだ。

暗殺されたケネディー大統領の遺志による月面飛行「アポロ計画」を進めるため、NASA

はノースアメリカンに三人乗りのアポロ宇宙船の製造を委託した。しかし六七年一月二七日、地上でのテスト中に、ヴァージル・グリッソムら三人の飛行士がアポロ計画の火災事故で死亡する悲劇が、またしても起こった。ノースアメリカンは、この年まで七年間のペンタゴン受注額で、六二億ドルを記録し、全米六位の防衛産業としてゼネラル・ダイナミックスやマクドネル・ダグラスと肩を並べていたが、相次ぐ事故で大打撃を受け、経営危機に陥った。

自動車部品メーカーのロックウェル・スタンダードがノースアメリカン・エヴィエーションを買収し、新会社ノースアメリカン・ロックウェルが発足したのは、その年九月のことであった。夢の超音速機XB70は、六九年二月に最終飛行して、「この高度で芸術的な航空機の設計技術は、膨大な知恵を残した」と、航空ファンに惜しまれながらその短い生涯を閉じた。続発した事故の汚名を返上しようと、ノースアメリカンの技術者たちはサターンV型ロケットエンジンの開発に力を入れ、これが六九年七月にアポロ11号の月面着陸を成功に導くと、それからあとはNASA最大の受注会社となって、ついに名誉を回復することができた。

ロックウェル創業者ウィラード・ロックウェルは、六七年に息子の同名Jrに経営を譲っていたが、七三年二月に関連会社が統合され、社名がロックウェル・インターナショナルとなった。ロックウェルJrの後を継いだのはクライスラーから移籍したロバート・アンダーソンで、彼はB1爆撃機の製造に力を注いだが、ノースロップのステルス爆撃機にペンタゴン予算を持ち去られて御破算となり、一時は苦境に立たされた。しかしすさまじい受注獲得レースの末、レーガン政権がB1爆撃機の製造を復活したために大きな収益を記録し、MXミサイル、ナヴィゲーション衛星ナヴスター、スペースシャトルなどで大いに将来の発展を望んでいた時のことであった。

ロックウェルの不法な水増し請求が発覚し、ついには政府発注禁止処分を受け、八五年一二月にようやく発注禁止を解除されたのである。ところが本当の波乱が待っていたのはそのあとだった。翌月、八六年一月に歴史的な事件が起こった。スペースシャトル・チャレンジャーが空中爆発し、七人の宇宙飛行士全員が死亡する悲惨な事故が起こったのだ。ロケットの補助推進装置ブースター部分が不良のため、ロケットが巨大な燃料タンクに衝突して爆発したとの調査結果が出されると、チャレンジャー計画は廃止され、ロックウェルはスペースシャトルから完全に排除された。NASAを主導してきたこの宇宙開発の名門がボーイングに買収されたのは、それから一〇年後の九六年一二月であった。ロックウェル・インターナショナルが航空宇宙・防衛部門をボーイングに売却したのである。売り払われたのは、ノースアメリカン部門であった。

かつて航空機のパイオニアを誇ったノースアメリカン・エヴィエーションの名前は消滅し、航空界のどこにも見られなくなった。しかしカリフォルニア州では、相変らず同じ人間が働き、全地球測位《GPS》システムを使った彼らの大陸間弾道《ICBM》ミサイル誘導システムが戦場を支配し、地獄の業火（ヘルファイヤ）と命名されたミサイルが、新しいボーイングの看板のもとで製造されるようになったのである。

ボーイング航空機、マクドネル航空機、ダグラス航空機、ノースアメリカン・エヴィエーション、ヒューズ・エレクトロニクス衛星部門、これらの膨大な従業員と軍用品を抱え、さらにノースロップ・グラマンと提携してステルス爆撃機Ｂ２の構造体を製造するまで肥大したボーイングは、二一世紀に次の戦火を待ち焦がれた。

第3章　日本の防衛産業を育てた太平洋戦略

ノースロップ社の全翼機

マケイン司令官とグラマンの獰猛な飼い猫

アメリカの軍隊は、世界の警察を自任して唯我独尊、他国から見れば横暴な振る舞いを続ける。しかしその軍部が何を誇りとしているかを知ることは重要である。それなしに、軍人が武力に頼ろうとする行動を止めることはできない。軍需産業には、すぐれた戦闘技術を開拓した誇りが、また軍人には、米軍を戦場で勝利に導いたプライドがある。それは、過去の戦争によるものであった。アメリカの軍需産業を育てた最大の責任は、日本とドイツの軍隊にあったからである。

ニューヨーク州ハンティントンに生まれたリーロイ・グラマンは、コーネル大学を出たあと、第一次世界大戦を機に海軍で航空エンジニアとなり、一九二〇年に航空界のパイオニアだったローニング兄弟と出会い、海軍をやめて彼らの会社の主任技師となるよう勧められて入社した。ところが、ローニング兄弟の会社が製造した飛行機を大富豪ヴィンセント・アスターの経営するニューヨークの航空輸送会社が購入し、二三年にその一機が墜落した。しかもその飛行機には、全米を支配する金融王J・P・モルガンの親族が乗っており、死亡するという事故であった。のちに、原因はパイロットの隣に坐っていたモルガンが居眠りして操縦を邪魔したためと判明したが、問題がこじれるのをおそれたアスターは、不評を買ったその航空会社を売りに出した。

すでに会社仲間と共に独立した航空機製造に乗り出していたグラマンは、アスターの会社を仲間と買い取り、リンドバーグの快挙から二年後、グラマン航空機エンジニアリングと命名して、二九〜三〇年にかけてニューヨーク州ロングアイランドに小さな工場をつくった。これまで登場した航空界の勇猛なパイオニアに比べれば出遅れたが、この小さな会社から、航空機業界に数々の革命的な技術が生まれることになった。

飛行機が離陸すると、滑走路を走っていた車輪の部分が機体に折り込まれるのは現在当たり前だが、その画期的な構造を開発したのがグラマンであった。車輪が出入りすることによって、海軍機が水陸両用として使えるようになったのである。当初、この技術は海軍のエンジニアたちに信じてもらえなかったので、グラマンは自らこの新型機を操縦して彼らを驚嘆させ、三二年には海軍向けに最初の戦闘機を製造して大いに評判を高めた。次に、翼を折り畳めるワイルドキャット戦闘機を開発し、空母の甲板で飛行機が占有する面積を半分にすることにも成功した。

かくするうち、四一年一二月七日（日本時間八日）の真珠湾攻撃によって、グラマンが大きく成長を遂げることになった。ワイルドキャットは初め日本の高性能戦闘機に太刀打ちできなかったが、その後継機として製造したヘルキャットが三菱重工業製の零戦のライバルとなり、太平洋上で零戦の半分以上を撃墜するという殊勲をあげ、一躍グラマン戦闘機は時代の花形となった。飛行機に獰猛な猫科の猛獣の名前をつけるのが好きなグラマンは、F4Fワイルドキャット（山猫）、F6Fヘルキャット（地獄の猫）に続く後年の機種に、F7Fタイガーキャット（虎猫）、F8Fベアーキャット（熊猫）、F9Fパンサー（豹）、その改造機のF9Fクーガー（アメリカライオン）、F10Fジャガーと命名し、ついには好色家を意味するF14トムキャットまでつくり出した。ヘルキャットがあばずれ女のスラングなので、好一対となった。

第二次世界大戦中、海軍で終始グラマン機を利用した英雄が、南太平洋部隊の航空司令官だったジョン・シドニー・マケインであった。その孫が、二〇〇〇年の大統領予備選挙で〝ベトナム戦争の英雄〟として旋風を巻き起こし、一時は共和党の最有力候補となった人物、のちブッシュJrのホワイトハウス国防幹部を選ぶメンバーとなった上院議員ジョン・シドニー・マケイン三世である。

上院議員の祖父マケインは、第二次世界大戦開始前に空母レンジャーの司令官になっていたので、グラマンの開発技術を高く評価していた。真珠湾攻撃から一〇ヶ月後の四二年一〇月に海軍の航空局長に就任し、「機体や部品にグラマンの銘が打ってあれば、海軍にとって〝純正品〟を意味する」と語ったほど、グラマン機に惚れていた。マケインは四四年に空母第二実戦部隊の司令官となって、第三艦隊と共に行動する攻撃部隊の主力となり、フィリピンや台湾にある日本の軍事空港を攻撃し続けた。四四年一〇月一〇日、米軍の機動部隊が沖縄大空襲をおこない、那覇市が完全に焼け落ちて灰燼《かいじん》に帰した。日本の敗色が濃厚となった四五年（昭和二〇年）二月一九日には、マケインの率いる米軍が硫黄島に上陸すると、三月一日に米軍の空母艦載機が沖縄攻撃を開始し、二三日には沖縄本島への爆撃がはじまったのである。

　沖縄の島は次々と米軍の手に落ちてゆき、四月一日にマケイン部隊は沖縄本島中西部、北《ちゃ》谷《たん》・読谷《よみたん》の浜から上陸して、本格的な沖縄戦の幕が切って落とされた。それからほぼ三ヶ月にわたる戦闘によって、沖縄は火の海と化し、爆弾の嵐によって地形が一変するほど凄惨な戦場となった。日本軍に裏切られた沖縄島民が孤立し、悲惨な集団自決に走るなか、死者は一五万人を数えた。米軍はこれとほぼ並行して、マケインらの航空部隊が日本本土への攻撃をくり返し、三月九日から一〇日にかけてB29による東京大空襲を敢行、一四日には大阪、五月には名古屋、そして再び東京大空襲をくり返し、いまだ敗北を認めない大日本帝国軍部に潰滅的な打撃を与えた。そのため、膨大な数の日本人が戦争末期に命を落としていった。特に彼の部隊が七月一〇日から八月一四日にかけておこなった軍事空港攻撃で、地上にあった軍用機三〇〇〇機を破壊した成果が、広島・長崎への原爆投下と共に終戦の決定的な要因となった。しかしマケイン司令官は、日本の敗戦翌月、九月二日にミズーリ号の艦上で日本の降伏調印を見届けた四日後に、海軍長官ジェームズ・フォレスタルに今後の作戦報告に向かう途中死去した。

このような大戦果をおさめたグラマンは、海軍長官フォレスタルが回顧して、「ガダルカナルの海戦でアメリカを救ったのはグラマンだった」と語った通り、アメリカ政府から最高の賞讃を得て、毎月五〇〇機を生産するまでになった。終戦までに製造した海軍用戦闘機が一万七〇〇〇機を超え、さらにゼネラル・モーターズがグラマンの設計図をもらって一万三五〇〇機を製造し、グラマンは驚異的な成長をとげた。

日本人がこのようなアメリカの軍需産業の拡大を非難することはできない。満州事変を経て真珠湾攻撃から第二次世界大戦の敗北に至るまで、アジア各国でおこなった日本人の蛮行は、ヨーロッパにおけるナチス・ドイツ軍の行為と並んで、それまでの歴史に類を見ないほど極悪非道であった。第一次世界大戦では双方が利権争いに明け暮れたので、いずれも批判されるべきである。しかし二次大戦の日本とドイツの行動は、一分の理もなく、言い訳のしようがない。問題は、二〇世紀末に至るまで、日本の政治家と知識人、外交官、芸能人に至るまで、その国際的事実を恥じず、認めず、逆に否定する見解を語り続けてきたところにある。この状況が続く限り、アメリカの軍需産業が永遠に〝真珠湾〟を持ち出し、正しい存在となる。つまりロッキード・マーティン、ボーイング、グラマンの戦闘機を唯一正当化している理論は、日本人の言動そのものにある。筆者はそのような日本という国家から押しつけられる国籍を拒否し、一介の生物として以下に筆を進める。

グラマンの工場は拡大したが、終戦による全面的な受注ストップによって、ほかの軍需産業と同じように、重大危機に陥った。平和の配当、それは軍需産業にとって失業であり、次の戦争への準備であった。

ケネディーの置き土産、月着陸アポロ計画に参加し、専任の特別開発グループ九〇〇〇人の社員を動員し、月面着陸船ルナーを製作したのがグラマンであった。この時期からNASAの受注が大幅に伸び、七六年にグラマンの会長兼最高経営責任者となった元海軍士官のジョン・ビアーワースは、スペースシャトルや宇宙ステーションに力を注いだ。しかし国防受注が必ずしも利益につながるとは限らず、「ジェット戦闘機トムキャットの製造では、一機につき一〇〇万ドルの損失が出る」とグラマンが主張し、ペンタゴンへの三一三機の引き渡しを拒否した。〝ニューヨーク・タイムズ〟や〝ワシントン・ポスト〟に一頁大の意見広告を掲載し、「このままではグラマンは倒産する、誰がその金を払うべきか」と国民に問うた。ここでペンタゴンは折れて、グラマンの言いなりとなったのである。グラマンはトムキャットのほか、早期警戒機E2Cホークアイ（鷹の目）を開発した。これは、広大な空間にある物体を識別し、六〇〇個以上の物体がどこを動いているか、その軌跡を同時にキャッチできる指令センターであった。トムキャットはリビアとの戦闘で高性能を発揮し、ホークアイはイスラエルが八二年のシリアとの戦闘で圧勝する武器となった。九〇年代末には、空母インディペンデンスの艦載機として、ホークアイが日本の港で頻繁に見られるようになった。

しかし七〇年代以後、グラマンのこれら軍用機器は、軍人にとって必要以上に高性能で、あまりにも高価だとして批判の対象となり、同時にグラマン社から日本とイランの政府高官への賄賂が発覚して、ロッキードと共に重大な危機に立たされた。そのときアメリカの軍需産業が活路を見出したのは、軍用機とミサイルを主体とする兵器輸出だったのである。

兵器輸出ロビーとアメリカの州別工場立地

アメリカとヨーロッパの軍需産業は、東西冷戦の終結によって国防予算が削減されたため、どの会社も、九〇年代に受注が大幅に削減するという苦境に直面した。その窮地から脱するため、経営者がとった手段は、次の四つであった。

1　リストラ（首切り）・レイオフ（一時帰休）——全社
2　防衛部門の売却と民生部門の強化——GE、GM、ユナイテッド・テクノロジーズ
3　軍需産業同士の合併・買収による巨大化——ロッキード・マーティン、ボーイング＋マクドネル・ダグラス、ノースロップ・グラマン
4　外国への兵器輸出の増大——紛争の挑発と拡大
1〜2は好ましい現象で、3は要注意だが、4は世界中に紛争を拡大する最も危険な手段で

ある。外国への兵器輸出をおこなうのはアメリカとヨーロッパとロシア、中国、イスラエル、南アフリカなどに限られるが、ヨーロッパでは、ドイツ、フランス、スペインの軍需産業が一体となったヨーロッパ《E》航空《A》防衛《D》宇宙《S》社 European Aeronautic Defense & Space が誕生し、これがボーイングとロッキード・マーティンに次ぐ世界第三位の航空・防衛装備メーカーとなった。ところが世界の巨大兵器メーカーの十指に入るのはこの一社だけで、残る九社をアメリカが占めてきた。

　これら軍需産業の相互の関係は、国際的な輸出市場を獲得する競争ではライバル同士だが、敵対して見えるアメリカとロシアと中国を問わず、互いに守ってきた業界ルールが三つあった。

　第一は、国内外のメーカーを問わず、完全な競争の原則のもとで、兵器輸出はいかなる国に対しても自由におこなってよい。第二は、紛争の挑発と拡大に寄与する行為には、国籍を越えて協力し合う。第三は、国家が表面で掲げる外交政策とは無関係に行動してよい。つまり彼らは、敵国の兵器が自由に輸出されれば紛争が増え、同時に自社の企業利益が高まるという歴史の教訓を、理解し合っていた。そのため、世界の軍需産業の協力のもとに国際航空ショーという兵器見本市が開催され、そこでは互いにライバル企業でありながら、集団として同一の目的意識に目覚めたのである。国家の対立という〝次元の低い問題〟は、彼らのあいだではまったく議論されなかった。

アメリカの軍需産業は、この資本の原理を追求するため、詳細な点までミスが出ないよう、さらに徹底したシンジケート組織を構成してきた。兵器輸出を増大するために、議会と大統領の立候補者に資金を提供する「政策行動委員会《PAC》 Political Action Commitee」という組織が利用されてきたのである。政策行動委員会は、名前の通り強力な圧力団体として機能する死の商人のロビーであり、選挙戦の期間中、兵器輸出でトップにランクされる企業グループがここに莫大な資金を供給した。したがってこの組織は、軍需産業の工場がある州を重点として、民主党と共和党とにかかわらず、候補者に選挙資金をプレゼントする。

下院議員では、議長となった共和党のニュート・ギングリッチ、その後任議長候補となりながら女性スキャンダルが発覚して辞退に追いこまれたロバート・リヴィングストンらを筆頭に、下院国家安全保障委員会の委員長であるフロイド・スペンス、民主党側では国家安全保障委員会のメンバーであるジョン・マーサ、ジェーン・ハーマン、アイク・スケルトンたちがみな、兵器輸出企業から選挙資金を得ていたことが明らかにされた。

上院議員で注目すべきは、クリントン大統領が第二期政権でウィリアム・ペリーの後任として国防長官に選んだウィリアム・コーエンであった。彼は、共和党の議員として海軍兵力を検討する小委員会の委員長にありながら、裏では死の商人のロビー「政策行動委員会」から資金をもらう人間であった。その資金を手にしてコーエンは、「冷戦後も地域紛争はなくならない」

と主張し、国防費の削減に反対してきた。九九年三月に湾岸諸国を歴訪したコーエンは、兵器輸出企業の利益にはふれず、ペルシャ湾岸諸国の安全保障を強化するためという目的を強調し、アメリカがバーレーンに高性能の改良型中距離空対空ミサイルＡＩＭ１２０Ｂを売却することを明らかにした。これはロッキード・マーティンのＦ16ジェット戦闘機に装備されるが、彼が国防長官時代におこなった行為は、すべてこれと同種の兵器商のセールス代行であった。

このような人間が、ボスニアに介入し、ユーゴスラビアへのＮＡＴＯ軍のミサイル攻撃を強行したのである。彼が受けた資金は、海外で膨大な人を殺傷してきた兵器が生み出す、血のついたドル紙幣であった。

兵器工場とこれら選出議員の地元は密接な関係を持っている。軍需産業から汚れた金をたっぷりもらった議員のうち、ダンカン・ハンター下院議員の地元カリフォルニア州はその典型であった。軍需産業が繁栄したベトナム戦争時代の六四〜七〇年の七年間におけるペンタゴンとＮＡＳＡからの防衛関連受注額では、カリフォルニア州が各年二八、二八、二四、二二、二一、二一、二〇パーセントと、コンスタントに全米の二割以上を占め、平均して四分の一にも達していた。この傾向は九八年になっても変らず、ペンタゴンが支払った軍事関係の金額を州別にみると、人件費と発注契約額ではカリフォルニア州がトップで、全米の一四パーセントを占めた（ペンタゴンが二〇〇〇年に公表した州別データ表には、最大資金を投入したカリフォルニア州についてのみ、なぜか数値の記載ミスがあるので注意されたい）。製品などの発注額が一七四億ドルに対して、人件費が一一五億ドル近くもあり、補助金を合わせて総額二九二億ドル、ほぼ三兆円という巨大な金が西海岸の州をうるおした。うち一兆円以上もの賃金が州内の労働者に軍事予算から捻出されるので、地元議員の議会活動は、軍需産業にとって重大であった。

州内には、B２ステルス爆撃機を製造するノースロップ・グラマンが本拠地を構え、ウッドランドヒルズに軍用艦メーカーのリットン・インダストリーズがあるほか、マーティン・マリエッタと合併する前のロッキード本社、ロックウェル・インターナショナル（ノースアメリカン・エヴィエーション）、軍事シンクタンクのランド・コーポレーションなどがぞろぞろと軒を構えているからである。ロサンジェルスから一六〇キロメートルほど離れ、メキシコ国境に近いカリフォルニア州の都市サンディエゴも、空母や原子力潜水艦がずらり並んだ海軍基地として有名である。このサンディエゴ海軍基地を地盤とした下院議員ボブことロバート・C・ウィルソンは、かつて軍需産業の代理人として有名であった。

第二位がヴァージニア州の二三一億ドルであった。ここは五四年に連邦最高裁が「黒人差別を撤廃せよ」という決定を下しながら、その決定に州をあげて反対し、その後も五年にわたって黒人の共学を認めないという強硬な態度をとり続けた南部保守王国の牙城《がじょう》である。建国以来、初代ワシントン大統領から、第三代大統領ジェファーソン、第四代大統領マディソン、第五代大統領モンローを次々に生んだ土地、そして南北戦争の南軍代表として、ヴァージニアンの〝伝統〟を守り、近代的な最高裁の人種差別撤廃に抵抗した。

すでに説明した通り、首府ワシントンDCの番地になっている巨大な五角形のペンタゴン・ビルは、実際にはヴァージニア州アーリントン側にある。国防総省のオフィスビルには二万三〇〇〇人の職員と軍人が勤務するが、国防総省に所属し、制服組の戦闘員ではない各部局の職員（いわゆるシビリアン）は全米に配置され、二〇〇〇年時点で一二万人、陸海空軍も合わせて七〇万人のシビリアンを数えた。したがって軍事予算の削減は、ペンタゴン職員にとって、自らの首切りを命令する非常事態となる。事実、ベルリンの壁崩壊の年の一一二万人から、四二万人もの職員が削減されてきたのだ。さらにワシントンのダウンタウンからヴァージニア州に入ってほんの一〇キロメートル余りの町ラングレーには、大学キャンパスのように静かなたたずまいで、中央情報局《CIA》の本部がある。

ヴァージニア州は、もうひとつの巨大な施設を持つ。ワシントン南東三三〇キロメートルにある港町ノーフォークは、全米一の海軍基地であり、大西洋艦隊の本部と軍事空港を兼ね備えた要塞である。GHQ総司令官マッカーサーの母がいた町なので、マッカーサー記念館もある。海軍予算に群がるように、一帯には軍事用艦船の造船所が栄え、空母カール・ヴィンソンやセオドア・ルーズヴェルトといった海軍のマンモス艦船が、テネコなどの巨大造船所で建造されてきた。そのため海軍や造船所の退職者がここに集まり、退役軍人に対する恩給はヴァージニア州だけで二四億ドルに達し、カリフォルニア州、フロリダ州、テキサス州に次いで退役軍人への支出を記録した。この額が全米で三〇〇億ドルを超え、毎年三兆円以上が支給される。

上院議員ジョン・ワーナーJrは、「政策行動委員会」から資金を受けて、ヴァージニア州のこれら産業を代弁してきた。というより、ワーナー本人が七二〜七四年に海軍長官をつとめ、ノーフォーク造船産業の代表者だったのである。妻キャサリンの父は石油大富豪ポール・メロンだったので資産は際限なくあり、前述のようにメロンの妻の伯父がランバート・セントルイス飛行場の建設者で、マクドネル・ダグラスやゼネラル・ダイナミックスと切っても切れない縁を持っていた。ところがワーナーはキャサリンと離婚後、女優エリザベス・テイラーの六人目の夫として知られるようになり、今度はレーガンに大統領選挙本部を提供して、議会の軍事委員会で軍需産業の庇護者として権力をふるってきた。

ヴァージニア州に次ぐ第三位は、数々の軍需工場を持つブッシュ・ファミリーのテキサス州……第四位はNASAのロケット発射基地であるケープカナベラルを持ち、宇宙兵器のエレクトロニクス産業が結集した州、二〇〇〇年の大統領選挙で激しい対立を演じたフロリダ州であった。

第五位がマーティン・マリエッタ（現ロッキード・マーティン）と海軍基地および毒ガスな

どの生物《B》化学《C》兵器開発で悪名高いフォートデトリック陸軍基地のあるメリーランド州、第六位がロッキード・マーティンがF22ステルス戦闘機を製造するジョージア州、第七位がボーイングのワシントン州、第八位がかつてのゼネラル・ダイナミックスとマクドネル・ダグラスが本社を構えた航空機工場のメッカ、リンドバーグのセントルイスを中心とするミズーリ州である。これら巨大軍需企業の工場立地と、国からの予算額が見事に一致する。

それは、膨大な人間を軍需関係の仕事が吸収している証左であり、死の商人のロビー「政策行動委員会」からソフトマネーと呼ばれる民間資金をもらって、その土地から連邦議会に出る上院議員と下院議員の性格が明らかになる。軍需産業からソフトマネーをもらったロビイスト議員のうち、チェット・エドワーズ下院議員の地元テキサス州には、ゼネラル・ダイナミックスが戦闘機F16を製造してきたフォートワース工場がある。ダラス西方五〇キロメートルにあるフォートワースは、昔のカウボーイが牛を集散する地域として開拓されたが、第二次世界大戦中に多数の軍事用生産工場が建設されてから、一挙に爆撃機の製造を中心とする航空機産業のメッカとなり、現在までそれが町の経済を引っ張ってきた。特に湾岸戦争翌年の九二年に、台湾に一五〇機の戦闘機F16を輸出する計画が出た当時は、テキサスのジョー・バートン下院議員がゼネラル・ダイナミックスの代理人となって激しくロビー工作をおこない、テキサスを地盤とする時の大統領ブッシュがゼネラル・ダイナミックス救済のために工場で大演説までおこなうほどであった。ベル・ヘリコプターの攻撃用ヘリコプター工場もテキサス州フォートワースにある。ロッキードが九三年にゼネラル・ダイナミックスのフォートワース工場を買収すると、エドワーズ議員のパトロンはただちにロッキードとなった。

テキサス州にはもうひとつ、NASAの有人宇宙飛行センターという巨大な施設が州都ヒューストンにある。マーキュリー計画からジェミニ計画、アポロ計画の月面着陸まで、すべてを成功に導いたのは、このセンターである。宇宙飛行士を選び出すことから、彼らの訓練、ロケット発射だけでなく、宇宙へ送り出した飛行士と連絡をとりながら異常事態に備え、トラブル発生時に適切な指示を与えて飛行士を無事回収するこのコントロールセンターは、全米の頭脳から成り立っている。そのため、宇宙関連の企業とミサイル防衛企業が、このセンター周辺に大量に集結することになった。

ワシントン州は、五〇年代からレーガン時代まで上院議員だったヘンリー・ジャクソンがボーイング代理人として有名だったが、その後はソフトマネーを受けたノーマン・ディックスを下院議会に送り出した。

ミズーリ州でソフトマネーを受けたのは、アイク・スケルトン下院議員で、彼はマクドネル・ダグラスとゼネラル・ダイナミックスの代理人だったゲパート下院議員とダンフォース上院議員という大物の後継者として選ばれた。

ジョージア州では、かつて上院議員ラッセル・ブリヴァードが五〇年代にロッキードの代理人となり、軍事委員長をつとめたが、その後継者も大物であった。ニュート・ギングリッチ下院議長がたくさんの票をかせいだジョージア州マリエッタには、ロッキード・マーティンがF22ステルス戦闘機を製造する工場があって、従業員たちはみなギングリッチに投票した。ステルスF22は、住民にとって「歴史上最も高価な、したがってロッキード・マーティンの社員を養う金の卵」となる戦闘機であった。アメリカの会計検査院は、専門家以上に高度な専門的解析能力を併せ持ち、彼らが導いた結論は、「F22は国家安全保障のためにまったく不要である。少なくとも二〇一四年までに考え得るいかなる軍事的脅威に対しても、現有の戦闘機F15を改良するだけで事態に対処し得る」というものであった。アメリカ会計検査院は、膨大な政府資料をアメリカ国民に公開するすぐれた組織で、日本の会計検査院のように単なる数字データの処理をしたり、不正を点検しそこなって満足する官僚ではない。

日本では、大蔵省主計局の矢崎新二経理局長が、防衛局長から防衛事務次官となり、その後は会計検査院の院長というトップに立ったのだから、予算の請求と決定とチェックを一人でやっていたことになる。その異動のあいだに、防衛庁で発覚した水増し請求事件が進行したのは、当然である。しかも検査院でまともな検査官が防衛予算に疑義を申し立てたとき、幹部が握りつぶしたことまで暴露されている。

これに対し、すぐれた会計検査がおこなわれてもアメリカの軍事予算が巨大になるのは、議員だけが軍需産業のパトロンではないからである。国防総省と国務省は、アメリカが国外へ出かけて強行した過去の戦争の責任者であった。そのため両省は、対外的には「紛争をなくすために兵器拡散を抑制しなければならない」という態度をとり、アメリカ企業が国外へ兵器を輸出する規定について〝改善策〟を打ち出す。ところが両省は、規制する立場にありながら同時に、国外への兵器輸出を認可し、むしろ「危険なならず者国家から身を守るためには当事国の国防が重要である」と、兵器輸出を奨励する活動に没頭してきた。アメリカ会計検査院は、このペンタゴンと国務省を鋭く批判し、「輸出規制は、ほとんど軍需産業とバイヤーが申し立てた内容に基づいてつくられている。紛争などの問題を解決しなければならないペンタゴンと国務省が、自分でその内容をまったくチェックしていない。データには、ほとんど根拠がない」としている。

第1章に紹介した国際航空宇宙産業協会の副会長ジョエル・ジョンソンは、ロッキード・マーティンの代理人として、アメリカ政府の軍需製品貿易諮問グループ議長をつとめ、戦闘機輸出の制限禁止条項をほとんど骨抜きにしてしまったが、彼らの報告書がクリストファー国務長官に提出されたあと、クリストファー本人がその外務大臣としての肩書で外交にでかけ、兵器セールスを成功させようと各国に圧力をかけたことが知られている。続くマドレーヌ・オルブ

◆表1　アメリカの軍事製品の輸出企業ランク
（1993-95年の3年間合計額）

	[億ドル]	主要な輸出製品
1 ロッキード・マーティン	56.784	戦闘機F16、輸送機C130、MLRSロケットシステム
2 マクドネル・ダグラス	44.533	戦闘機F15、F18、アパッチ・ヘリコプター
3 レイセオン	18.216	パトリオット、ホーク、AMRAAMミサイル
4 ゼネラル・ダイナミックス	14.269	M1型戦車
5 ユナイテッド・テクノロジーズ	13.250	ブラックホーク・ヘリコプター
6 ゼネラル・モーターズ	11.707	サウジアラビア用防衛システム、AMRAAMミサイル
7 ボーイング	5.513	早期警戒機AWACS、Chinookヘリコプター
8 ノースロップ・グラマン	3.878	F16用部品、E2Cレーダー関連
9 FMC	2.512	軍用車M2、曲射砲M109
10 アライアント・テクシステムズ	1.320	魚雷MK46、戦車用兵器

（5位のユナイテッド・テクノロジーズは、子会社のプラット＆ホイットニーとシコルスキーが大半を占め、エンジンを兵器から除外すれば順位はかなり下がる。6位のゼネラル・モーターズは子会社のヒューズ・エレクトロニクス部門が大半を占める。エンジン輸出のゼネラル・エレクトリックはリストから除く）

ライト国務長官は、その前の国連代表ポストの時代から、もっぱら米軍派遣と他国攻撃を正当化する無気味な人間であった。

アメリカ軍需産業の最大の特徴は、このような議会、ホワイトハウスと連携して「兵器輸出の億万長者クラブ」が形成されているところにある。民主党のクリントンが大統領に就任してから、上位六社の兵器輸出は一〇億ドル以上も増加した。この六社が、アメリカの主要な兵器の売上げのほぼ四分の三を占め、商業ルートで国務省が認可する販売が相当な額にのぼる。兵器輸出の目玉商品は、九三年にロッキードがゼネラル・ダイナミックスの製造工場を買収して手に入れた戦闘機F16と、九七年にボーイングが買収したマクドネル・ダグラスの戦闘機F15およびF18である。九三年には、アメリカ政府が輸出を認めた政府間総取引額三四〇億ドル（ほぼ四兆円）の三分の二を、これらの空軍装備が占めた。クリントン大統領の登場によって、現ロッキード・マーティンは、兵器輸出が二倍以上に急増したのである。

クリントンが大統領に就任してからの海外兵器輸出ワースト10企業は、九三〜九五年の三年間にわたる輸出合計額として、前頁の表1の通りで、銃砲の輸出会社アライアント・テクシステムズが一〇位に入っている。

グラマン・ロッキード事件と輸出入銀行

日本におけるロッキード事件とグラマン事件は、いま述べた構造によって引き起こされた贈収賄事件であった。軍需産業を統括するＣＩＡと国務省と国防総省が承認した上で、ホワイトハウスの国策として航空機輸出が強行されたメカニズムは、次のようなものであった。

時を遡《さかのぼ》る五〇年代には、日本の次期戦闘機としてグラマンのＦ11、ノースアメリカンのＦ１００、ロッキードのＦ１０４が候補となり、五八年四月の国防会議でグラマン機に内定した。ところが岸信介首相と佐藤栄作大蔵大臣がロッキード機を推奨して、突然白紙に戻され、五九年八月の国防会議で逆転してロッキードＦ１０４に決定した出来事がある。大統領はアイゼンハワーの時代で、彼は第二次世界大戦の将軍で、軍用機の愛用者であった。のち軍産複合体を批判したことで、彼の言葉がしばしば引用されるが、それは歴代大統領の常套句と言うべき戦争と平和の二枚舌にすぎない。彼こそ原子力の平和利用の名のもとに核の世界拡散を実行した人物で、次男ジョンが陸軍高官となってパーシー・トンプソンという軍人の娘と結婚し、孫のドワイト・アイゼンハワー二世がニクソンの娘ジュリーと結婚した。

そのニクソンが七二年、コーチャン社長と共に日本政界に圧力をかけ、ロッキード事件を引き起こしたのである。

政界を浄化するため選ばれた三木武夫首相は、ニクソン退陣後のフォード大統領にアメリカ側のロッキード関係資料を提供するよう要請したが、ロバート・インガソル国務副長官が「極秘扱い」とする条件をつけて渋々提供したほど、アメリカ政界にとって、日本の国政よりロッキードという企業のほうが重要な存在であった。インガソルは下級官僚出ではなく、ボーグ・ワーナーという多角企業の会長で、七二～七三年に駐日大使をつとめた当時から事情に精通し、時のロックフェラー副大統領とは、石油事業でパートナーであった。しかもこうした兵器輸出ビジネスを取り仕切る政府機関の輸出入銀行で、諮問会議の議長をつとめる財界の大物であった。

インガソルの後を継いで日本大使として派遣されたのはジェームズ・ホッジソンだったが、彼は第二次世界大戦中の四一年にロッキードに入社し、六八年からロッキード副社長をつとめていた。七〇年から労働長官となってニクソンとロッキード社の仲介役を果たし、七三～七四年には再びコーチャン社長の右腕としてロッキード副社長に復帰し、七四年から日本大使となっていた。この大使という職は、事実上ロッキードの工作員だったのである。七五年にロッキードの贈賄行為がアメリカで問題になると、彼は日本政界に警戒を呼びかける日本大使として活動したが、過去の履歴が明らかになって七七年には大使を辞任し、そのあとただちにウラニウム・マイニング社という核兵器産業の会長となった。駐日アメリカ大使館は国務省の配下にある。不法行為に明け暮れたロッキード社がこの事件で雇った弁護士は、七三年まで国務長官ポストにあったウィリアム・ロジャーズで、彼はその前に司法長官であった。法の正義を守るべきロジャーズは、自分の後任のキッシンジャー国務長官に圧力をかけるよう指示し、キッシンジャーはそれに従って、「アメリカの国益を損わないよう」各部門にロッキード関連資料の非公開を命じた。

これが国務省ならば、インガソルが実権を持っていた輸出入銀行はどうであったか。これは一九三四年にアメリカの貿易を振興するために設立されたワシントン政府直轄の金融機関であり、銀行の幹部となった者の経歴には、不思議な共通項があった。

輸出入銀行理事からクリントン政権の通商代表となったシャーリーン・バーシェフスキーと、商務長官となったウィリアム・デイリーがそうだったように、外国に圧力をかける貿易産業の代理人となることは言うまでもない。インガソルの時代には、ベトナム戦争を推進したフーヴァー委員会情報活動部隊副議長のヘンリー・カーンズという人物が輸出入銀行総裁に就任し、彼はシカゴにある軍需産業FMCの重役をつとめた。この社名はFood Machinery & Chemical（食品・機械・化学）の略なので、食品会社と間違えやすいが、八九年にはペンタゴン受注二五位にランクされ、軍艦用砲架やミサイル発射装置を売り物にして、売上高の三分の一を防衛機器が占めた。しかも会長ポール・デイヴィーズの息子が世界一の建設会社オーナーのスティーヴン・ベクテルの娘婿で、ベクテルが輸出入銀行の諮問委員であった。

ベクテルが第二次世界大戦中に経営した会社がベクテル・マコーン社で、パートナーのジョン・マコーンは、国防副長官から原子力委員会の委員長となり、ベトナム戦争を拡大してゆく時代にCIA長官をつとめた。さらにデイヴィーズの後任の輸出入銀行総裁となったウィリアム・ケイシーは、元証券取引委員会の委員長で、レーガン政権時代にイラン・コントラ事件というホワイトハウスぐるみの武器密輸事件が発覚した時、CIA長官の職にあった。この事件は、CIAと国家安全保障会議が中心となって、アメリカの〝敵国〟イランに武器を輸出し、その代金をニカラグアの反政府組織コントラに送金させた大スキャンダルである。ケイシーは事件解明の鍵を握ると言われながら、事件追跡中に急死した。彼もまた、ベクテル社の顧問であった。

このレーガン時代の八一～八六年に輸出入銀行総裁をつとめたウィリアム・ドレーパー三世は、戦後の日本にとって重要な人物の息子であった。三世の父にあたる同名Jrから受けた恩を、日本財界は決して忘れない。投資会社ディロン・リード副社長だったウィリアム・ドレーパーJrは、GHQと連動して戦後日本の財閥解体を阻止し、財閥復活を主導した人物だ。新たな日米安全保障条約の締結をめぐって日本全土が騒然となった五九年、アイゼンハワー大統領とニクソン副大統領の指示でアメリカの日本軍事援助調査団として来日したドレーパーは、財閥を復活させる一方、日本の経済団体連合会と兵器工業会に防衛産業の利権を配分し、ミサイル開発へと進ませたのである。このディロン・リードを後年に買収した会社、それがほかならぬべクテルであり、そのベクテルが輩出した男が、レーガン政権時代のイラン・コントラ武器密輸事件の疑惑の中心人物、国防長官キャスパー・ワインバーガーであった。

輸出入銀行とベクテルとＦＭＣとＣＩＡとディロン・リードが、どの人間にもついて回る。不思議である。しかし兵器輸出という言葉を彼らの真ん中に置くと、何も不思議ではなくなる。全員がそれに関与していたのだ。

これほどの事実がありながら、ロッキードに大金を払って製造ライセンスを取得した川崎重工業がメーカーとなり、対潜哨戒機Ｐ３Ｃが現在も使用されている。これは潜水艦用の哨戒機だが、これだけでは原子力潜水艦に対する作戦は実行できないので、ベル・ヘリコプターとシコルスキー・ヘリコプターが次々と導入され、アメリカから山のような機種の軍事製品を購入してきた。日本の中期防衛力整備計画の総額は、二〇〇一〜五年度の五年間で二五兆円という法外な金額に達し、毎年平均五兆円の支出が見込まれている。

ロッキード事件に続いたのが、獰猛な猫を飼うグラマン事件であった。七九年一月に、グラマン副社長トマス・チータムが、グラマン製の早期警戒機Ｅ２Ｃホークアイを日本に売り込むため、岸信介、福田赳夫、中曾根康弘らと会談して、代理店を日商岩井とするよう推薦を得たことを発言し、東京地検特捜部が捜査を開始した。チータムの証言によれば、彼がホワイトハウス補佐官にニクソン・田中会談について探りを入れたところ、補佐官は「大統領選挙資金が鍵になる」とほのめかしたというから、グラマンは日米両国の政界から金を請求されたことになる。

翌二月、事件の真相を知ると言われた日商岩井の島田三敬《みつひろ》常務が赤坂のビルから飛び降り自殺し、四月には日商岩井の海部八郎・前副社長が外為法違反の容疑で逮捕された。それでもアメリカは揺るがなかった。グラマンの顧問弁護士チャールズ・コルソンが、ニクソンの大統領特別顧問をつとめるほどの司法の王国であった。

結論を記せば、日本占領軍GHQの手で、アメリカの第二軍として設立されたのが、防衛庁と自衛隊であった。その歴史的事実は、ウィリアム・ドレーパーJrによる日本財閥の復活支援から明らかになる。戦後の日本では複雑な事件が多数起こったように見えながら、アメリカ側から見ると、その第二軍は、アメリカの軍需産業の失業率を減らす大きな役割を与えられ、一貫して同じ政策が進められてきたのである。防衛庁が設置され、自衛隊が正式に発足したのは五四年七月一日だが、その前身となる警察予備隊の設置令が出されたのは、朝鮮戦争勃発直後の五〇年八月一〇日であった。しかしアメリカの国家安全保障会議が〝日本の予備隊創設原案〟を決定したのは、まだ日本の戦犯を裁く東京軍事裁判の判決が出される前の四八年一〇月九日であった。GHQによる占領当初から、日本の再軍備化計画は始動していたのである。

GHQとコルト拳銃の物語

五〇年に日本に警察予備隊が創設され、一〇月にはアメリカの軍隊が朝鮮半島に出動した。マッカーサーの指令によって、警察予備隊に配られた最初の武器がカービン銃であったので、これが武器取引き開始のサインとなった。筒のなかで、硫黄と木炭と硝石を混ぜて点火すると、爆発的にガスが発生する。この筒に鉛の玉を置くと、弾丸が発射され、吹っ飛んでゆく。この簡単な原理で人を殺傷する鉄砲が、全世界で使われるうち、アジア、中東、アフリカ、中南米などの貧困に苦しむ世界では買えないほど、能力も価格も高い兵器へと発展した。「第三世界」と呼ばれる地域の人間は、これを大量に欧米から売りつけられ、食べ物より先に買わされてきた。そしてまさに占領された時代の日本がそうだったのである。

一八三六年に、弾丸を五〜六発装塡できる回転式リヴォルヴァーをサミュエル・コルトが発明し、特許を取得してから二〇世紀末までに、コルト製のピストル、ライフルなどは三〇〇〇万丁が製造された。その大部分は、コネティカット州ハートフォードの工場で生産された。

船でロープや錨を巻き上げる回転式の装置をキャプスタンという。この作動原理を眺めながらリヴォルヴァーを思いついたコルトは、三六年にニュージャージー州に最初の製造装置をつくり、四二年に特許武器製作所という名の会社を設立したがセールスがうまくゆかず、モールス信号の発明者サミュエル・モースと協力しながら、ようやく四五年にインディアン討伐警備隊〝テキサス・レンジャーズ〟への売り込みに成功した。インディアン討伐隊がこれを使って大勝利を収めたことから名器の評判を得て、陸軍省から大量の注文を受けたのが成功のはじまりだった。以来、四六年のメキシコ戦争を経て、「リンカーンはすべての人を自由にした。しかし彼らを平等にしたのはサム・コルトだ」と、南北戦争後のスローガンに謳《うた》われたほど、回転式拳銃コルトの発明者は戦争の英雄となった。しかし彼自身は南北戦争開戦後の六二年に四七歳で死亡し、それを知らなかった。

その後、会社は連発式のマシーンガンの開発に成功しながら、コルト45は西部開拓者の拳銃の代名詞となった。世紀の変り目に起こったスペインとの戦争では、海軍が大量にこれらの銃砲を購入して勝利をおさめ、世界一の軍事国家アメリカへの道を踏み出すとともに、コルトもまた隆盛をきわめた。二〇世紀に入るとすぐ、一九〇一年にコルト社を投資家が買収し、やがて、拳銃の乱射シーンがハリウッド映画のスクリーンを飾る黄金時代を迎えた。アル・カポネの血なまぐさいギャング時代を演出した主役は、コルト、スミス&ウェッソン、レミントン、ウィンチェスターなど、拳銃、ライフル、機関銃、ショットガンのメーカーであった。

コルト家は、創業者サミュエルの甥サミュエル・ポメロイ・コルトが実業界の大物となり、その息子が女優エセル・バリモアと結婚し、エセルの兄が『間諜マタハリ』の名優ライオネル・バリモア、弟が『アルセーヌ・ルパン』のジョン・バリモアというハリウッド一の名門と結びついた。ジョンの孫が『E・T・』でデビューしたドリュー・バリモアである。しかもバリモア家は、オルドリッチ家（ロックフェラー家）やルーズヴェルト家にも閨閥《けいばつ》の広がる上流階級であった。また、サミュエルの兄ルバロン・コルトは、上院議員となる一方、弁護士としても活躍し、電話の発明者ベルと発明王エジソンの特許争いの裁判を担当して、技術の利権に深く関与した。

それからは数々の紆余曲折を乗り越え、社名を変転しながら今日まで「拳銃のコルト」の名を誇ってきた。南北戦争のあと最も栄えた時代は、二度の世界大戦と朝鮮戦争だったが、その後急落し、五五年に買収されてコングロマリットに変貌した。ところがベトナム戦争で再び拳銃・ライフル製造部門が異常な活気を取り戻すと、六四年にコルト・インダストリーズの社名を復活し、GHQのリッジウェイ将軍を重役に迎えたのである。

しかし政府の買い上げに頼るビジネスは、浮沈が激しかった。レーガン時代に一時は大量の注文を受けたが、九〇年代に入ると全米の高校での射殺事件が続発して激しい非難を受け、山のような訴訟を起こされてコルトの株価は暴落し、売上げも半減した。九九年には、護身用拳銃の製造ラインを停止するまでに追い込まれたのである。ところがその裏で、ライフルと機関銃の類では相変らず殺傷能力の高い武器を開発し続け、国外に膨大な量の銃器を販売した。コルト製M16マシーンガンは、シンガポール、フィリピン、韓国のコルト工場で製造され、インドネシアやグアテマラ、カンボジア、ハイチ、レバノン、スリランカ、コンゴ民主共和国に大量に輸出され、虐殺に使われてきた。全米ライフル協会では、現在もコルトが人気ナンバーワンである。

莫大な金がコルト社から政界に流れることも知られてきたが、大統領就任前まで全米ライフル協会のメンバーだったのが、湾岸戦争の大統領ブッシュである。二〇〇〇年にその息子のブッシュJrと大統領選を戦ったのは、ゴアのパートナーとして副大統領候補だったジョゼフ・リーバーマンだが、彼は銃砲規制の提唱者のひとりでありながら、コルトの猟銃をその規制から外した当人であった。猟銃はハンティングのスポーツ用だというのがその理由だが、ガンの使い手にとって、軍用とハンティング用に違いはない。軍用ライフルと同様に猟銃が大量の被害者を出してきたのである。

アメリカにおける銃砲規制と殺人事件の発生経過を、図5の統計に見ればよく分る。ケネディー兄弟とマーティン・ルーサー・キング牧師の暗殺事件に衝撃を受けたアメリカは、六八年に議会が拳銃規制法を可決した。ところがこの規制は、凶悪犯罪者や指名手配者などに銃砲を売ってはならないと定めただけで、銃砲そのものを規制しなかった。そのためほとんど効果をあげず、八〇年には一〇万人当たりの殺人被害者が一〇人を超える史上最悪の数字を記録した。

図5　アメリカの殺人事件
1960－1998年

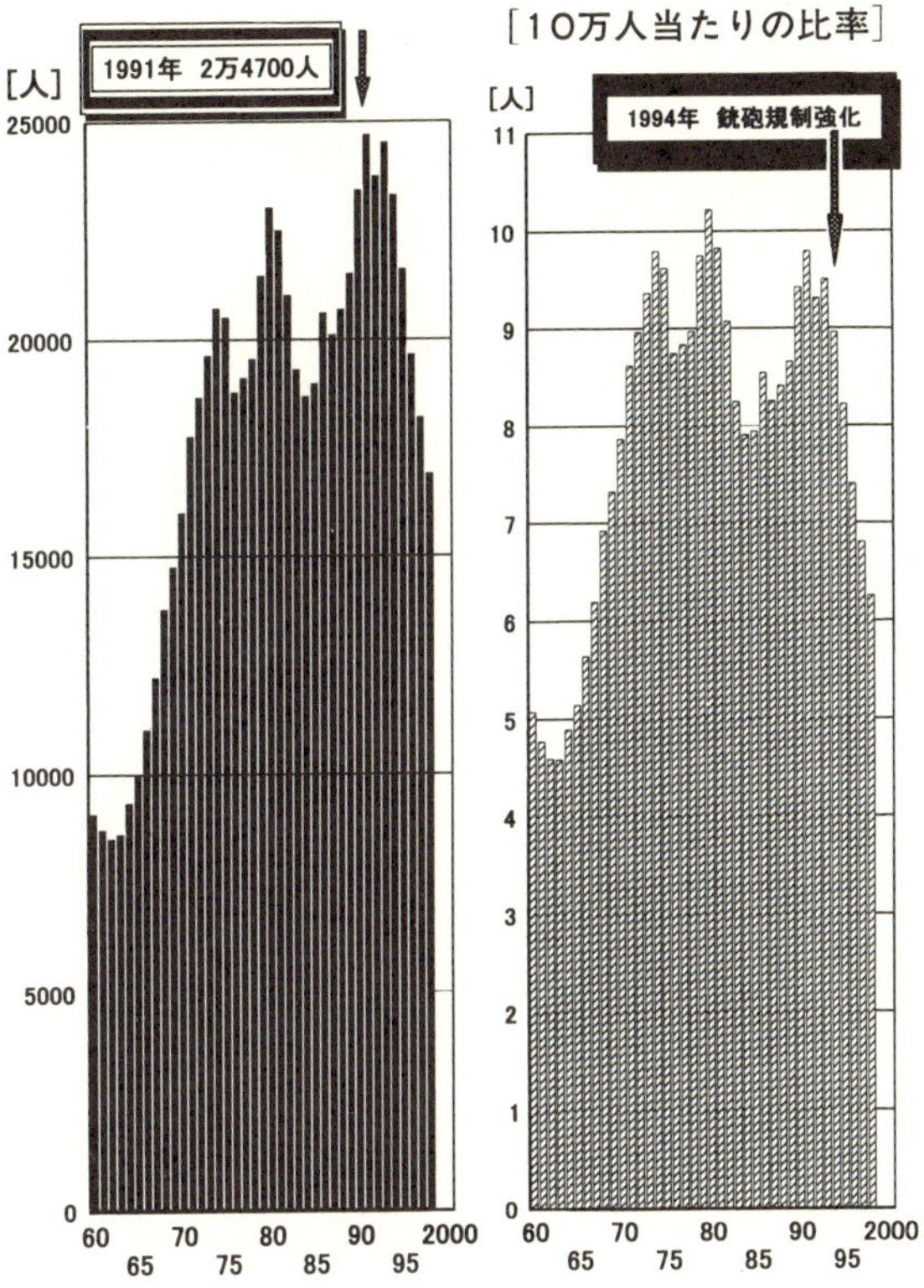

[司法省統計]

そこで八四年、新たに犯罪防止法と軍隊経験者犯罪規制法を議会が可決し、規制と罰則(懲役年数)を厳格化して、一時的に殺人発生率は低下した。ところが、これと並行して八六年に銃砲所有者保護法が成立し、さまざまな理由での銃砲の所有を認めたため、再び野放しとなった。「市民権」に配慮して、銃砲の中央コンピューター記録をおこなわない方針となり、闇取引が復活したため、拳銃犯罪が九〇年代初めまで再び増加し続けた。殺人事件の死者数は、九一年に史上最高の年間二万四七〇〇人を記録したのである。

しかし若者の凶悪事件が多発した結果を受け、従来のように「一部の危険な人間を排除する規制」ではなく、兄二人を暗殺で失ったエドワード・ケネディー上院議員らの強い主張によって、今度は「資格ある人間にしか銃砲の所有を認めない」という銃砲規制法(ブレディー法)が九四年に施行され、各州もさまざまな規制条例を制定しはじめた。すると殺人事件は減少の一途をたどり、九八年には一万六九〇〇人まで大幅に減少したのだ。人口一〇万人当たりの死者は、ピーク時から七年間で三六%も減少している。これでもまだ異常に高い数字だが、この統計が示すのは、武器・兵器の輸出入禁止によって、全世界の紛争も同様に激減させることが可能だという明快な事実である。

紛争地に銃砲を輸出するコルト社が一九世紀に手を組んだ仲間が、有名なブローニング式自動ライフル銃を生み出したジョン・ブローニングであった。彼の創業した会社も現在、ユタ州に製造工場を持って、ハースタル・グループとしてショットガン、ライフル、拳銃、ブローニング銃、ウィンチェスター式ライフル、機関銃などを大量に生産してきた。

マッカーサー司令官が会長となったレミントン・ランドは、レミントン兵器から生まれた。一九世紀初めに鉄工所の経営者の息子だったエリファレット・レミントンは、父に拳銃を買ってもらえず、鉄屑を使って自分で銃をつくったが、この性能がきわめてすぐれていたので評判となり、自分でライフル製造機を完成した。やがて父も参加し、タイプライターづくりの名人シーマンズたちと組むうち、一八二八年に拳銃の製造に乗り出した。五六年にレミントン社を設立して、政府から一万丁以上のライフルの注文を受け、息子たちが銃を次々に改良し、安全装置などを考案した。

注文が殺到した時期は、南北戦争の勃発からであった。戦争後は、レミントン・タイプライターの改良を重ね、史上最高の製品を完成しながら、工場はミシン、電気部品、自転車の製造にも進出したが、八八年にメイン・プラントがニューヨークの資本家に買い取られ、社名がレミントン兵器となった。その資本家マーセラス・ハートレーの孫の結婚相手が、石油王ロックフェラーの姪だったのである。つまりはコルト家と同じ閨閥が、レミントンの拳銃も握ってしまったのだ。一九三三年には、レミントン兵器を火薬王デュポンが支配し、爆撃機の開発と並行して、第二次世界大戦の猛火の時代にその銃砲が大活躍することになった。このあとはコルトと同様の時代を経て、GHQ退任後のマッカーサーを会長に迎え、九三年にデュポンがレミントン兵器をニューヨークの投資銀行に売却するという歴史をたどってきた。警察予備隊（自衛隊）に渡された最初の武器がカービン銃だったのは、そのためであった。

封建社会を保っていた日本に、戦後の民主制度をもたらし、農地解放を実行に移し、日本国憲法の制定などの改革をもたらしたGHQは、賞讃すべき数々の功績を残した。それがなければ、今日の近代国家・日本はないと言ってもよい。ところが一方で、日本国民の進歩的活動を厳しく規制したという点で、GHQの矛盾する行動には、いくつもの疑問がつきまとってきた。

その代表的人物が、何人かいる。GHQ経済科学部で副部長をつとめ、マッカーサーの顧問だったカルヴィン・ヴェリティーは、朝鮮戦争直前に経団連と会談し、日本を軍需生産国家に導いた重要人物である。彼の本業は、当時の兵器の生産に直結する鉄鋼加工製品大手メーカーの会長で、その会社は、のちに大企業アームコと呼ばれるようになった。彼の息子C・ウィリアム・ヴェリティーもアームコの経営者となり、レーガン政権では、急死したボルドリッジの後を継いで商務長官に就任し、それが社業に大きく貢献した。

GHQの民生局長コートニー・ホイットニーは、准将の肩書で日本の行政を取り仕切った人物として、戦後史の主役をつとめた。特に日本の暗黒時代と言われる四九年には、国鉄労組が共産主義革命の予備軍とみなされ、七月四日に三万人以上の人員整理が発表された。翌日、国鉄総裁の下山定則が行方不明となり、六日には線路上で轢死体《れきしたい》で発見される下山事件が発生した。それから九日後の七月一五日には、中央線の東京・三鷹駅で無人電車が暴走して多数の死傷者を出す三鷹事件が起こった。さらに翌月、八月一七日には、東北本線の松川駅近くで旅客列車が転覆する松川事件が起こり、この国鉄三大事件が労働組合運動に対する厳しい規制へとつながった。

これら一連の事件より三ヶ月を遡る四月四日に「団体等規正令」が公布されて、左翼分子に対する弾圧がスタートしたばかりだったのである。三鷹事件では、事故現場にいち早くGHQがかけつけて証拠品が持ち去られた可能性が高く、ホイットニーが裁判や報道に圧力をかけた経過から、GHQ陰謀説が消えないまま今日に至っている。その疑惑の人物ホイットニーは、前年末に衆議院解散を指示するほど権力を持ち、その直後の一二月二四日に岸信介らA級戦犯容疑者一九人の釈放を発表して、後年の日本の武器・兵器購入に大きな成果をもたらした。このホイットニー准将は、大財閥の海軍長官ウィリアム・ホイットニーの一族であった。この長官の娘ドロシーの息子が、ストレート航空の創業者ホイットニー・ストレートである。

国鉄三大事件を起こす最大の誘因となったのは、その四九年二月一日におけるGHQ経済顧問ジョゼフ・モレル・ダッジ（ドッジ）の来日であった。ダッジは自動車の町デトロイトで銀行重役を歴任したが、大恐慌時代に彼が副頭取をつとめるファースト・ナショナル銀行がデュポン家とモルガン商会の資金で買収されると、やがてそこから頭角をあらわし、州内の銀行を大統合したデトロイト・バンク&トラストの会長ポストを握るまでに出世した。来日した四九年にはアメリカ銀行協会の会長として君臨し、同時にクライスラーの重役にも就任していた。このクライスラーを自動車メーカーのダッジ兄弟社と合併させ、ビジネスで密着したのが、自殺した初代国防長官フォレスタルであった。現在までダッジ兄弟とGHQダッジの姻戚関係ははっきりしない。

ジョゼフ・ダッジがGHQの経済顧問に選ばれ、以後の日本の経済政策を主導したのは、彼が第二次世界大戦中に戦争局の価格調整委員会で委員長となり、軍需製品の価格をとり仕切る軍需産業の代理人だったからである。ドイツ敗北後のベルリンでも、ダッジは占領軍事務所で金融問題の指揮をとり、アヴェレル・ハリマンと共にマーシャル・プランを遂行した。兵器に精通した金融エキスパートは、マッカーサーの金融顧問に最もふさわしい職歴であった。こうして来日したダッジ特使は、日本経済安定九原則(通称ドッジ・ライン)を発表し、日本を朝鮮半島の前線部隊と位置づけた。これが伏線となって、無実の組合関係者が犯罪者に仕立てあげられる三鷹事件と松川事件が、起こるべくして起こった。

さらにその後、朝鮮戦争渦中の五一年九月八日にサンフランシスコ講和会議で対日平和条約が調印され、ダッジがアメリカ代表顧問として出席するなか、日米安全保障条約が調印されたが、同日、GHQの指示で日本の旧特高警察関係者三三六人の追放解除が発表され、この五一年からダッジはディーン・アチソン国務長官の特別補佐官となった。アチソンは、国連原子力委員会AEC設置委員会の議長と、デュポンの顧問弁護士を歴任した人物であった。彼らが五二年一一月一日、南太平洋エニウェトク島でアメリカ最初の水爆実験を成功に導いたのである。しかも後年、アチソンの娘婿であるCIAのウィリアム・バンディーが国防次官補として、その弟マクジョージ・バンディーが大統領特別補佐官として、アメリカをベトナム戦争の泥沼に引き込み、沖縄をその出撃拠点として利用することになる。

GHQダッジの役割はこれで終らなかった。五三年にはアイゼンハワー政権内部に設置された閣僚級の初代予算局長に就任し、五四年から原子力の平和利用基金幹部となった。予算を支配しながら、彼を出世させたデュポンと共同行動をとり、五九年には国家安全保障会議の顧問、国際通貨基金《IMF》と世界銀行のアメリカ代表として、原子炉と軍需製品市場を日本に強力に広げたのである。その軍需製品セールスの拠点が沖縄であった。

沖縄の海兵隊クレージー・マリーン

日本の敗戦後も沖縄は日本本土と切り離され、米軍が沖縄の重要な地域を強制的に接収して広大な土地を基地として利用してきたが、ダッジらによって進められた日米安全保障条約によって、日本のなかの沖縄は「アジア太平洋支配の要衝」と位置づけられた。

米軍には、すべての戦闘で上陸作戦の斬り込み部隊となる勇猛な海兵隊が、総兵力で一七万人もいるが、そのうち一割が沖縄に常駐して、その荒々しさから沖縄県民にクレージー・マリーンと呼ばれてきた。部隊としては、陸上部隊と航空部隊と水陸両用部隊で編成され、沖縄の米兵の六割以上がクレージー・マリーンである。

七二年五月一五日に沖縄は日本に返還されたが、米軍基地はそのままであった。

基地には、ゲリラ戦のための訓練場があり、具体的な都市を想定した迷路があり、標的にされる自動車などが、銃弾で蜂の巣のように穴だらけになっている。都市型ゲリラ戦の主役が、海兵隊であった。それらの都市型ゲリラ戦訓練の目的は謎とされているが、世界の紛争と時期が一致していた。

独裁者マルコスが失脚した翌年、八七年にフィリピンで軍事クーデターが発生し、八九年にもフィリピンで軍人のクーデターが起こった。しかしその直前から、フィリピン軍と米軍の共同訓練が強化され、クーデター直前に、沖縄から海兵隊がフィリピンに向かっていた。これは、機を合わせた行動であった。カンボジアでは、虐殺をくり返すポル・ポト軍に対して、米軍がタイ国境を利用して、兵器を送りこんできた。

八八年四月には、独裁者ノリエガ将軍追放を看板に、カリブ海で米軍のパナマ侵攻事件が発生した。パナマに侵攻したヘリコプター部隊の米軍海兵隊は、沖縄の恩納村《おんなそん》にある都市型ゲリラ戦の訓練場できたえられた兵士であった。彼らが、パナマの民家に銃弾を撃ちこみ、無関係の民衆の血を流した。それから二ヶ月後の六月二五日、沖縄の普天間《ふてんま》基地に所属する三十数人乗り大型ヘリCH53型が、四国の伊方《いかた》原子力発電所からわずか一キロの地点に墜落した。機体は航空機のように大きく、山口県の岩国基地から瀬戸内海を越え、四国の佐田岬の高い尾根に激突したあと、一帯の立木をバリバリとむしりとりながらバウンドして、原子炉と反対側の斜面を転がり落ちてゆき、最後にはミカン畑に落下して爆発した。米兵七人は全員が爆死したが、落下の方向が反対側の斜面で、原子炉を直撃していれば、ことは七人の死亡ではすまなかった。

翌八九年三月には、軍用ヘリHH3型が、沖縄の伊江島の南方に墜落して三人が死亡した。それから六日後には、四国で墜落したものと同型ヘリが、今度は韓国で墜落して三七人の乗員が死傷した。これらもすべて普天間に所属する海兵隊機であった。続いて二ヶ月後の五月には、CH53型ヘリが沖縄南方海上に墜落し、機体がバラバラに散乱し、一四人が行方不明となった。またしても普天間のものであった。

バタバタと轟音をたて、ヘリコプターは普天間の上空で急旋回する。操縦する海兵隊員が、迷彩色のヘリコプターから機外に身を乗り出しながら訓練しているのだ。これらの機体を鼻の先に見ながら、年間の離着陸回数が数万回の町に住む人の恐怖は、到底県外の人間には想像できない。九一年の湾岸戦争では、大量の軍隊が沖縄から出兵して行った。そのための特殊訓練だったのである。

日米安保条約という傭兵制度は、何を意味しているのか。

九五年に沖縄で起こった米兵による悲惨な少女暴行事件のあと、米軍基地問題に火がつき、沖縄本島南部、那覇近くにある普天間飛行場が、米軍から返還されることになった。返還は、九六年に橋本龍太郎首相とウォルター・モンデール駐日大使の共同記者会見の席上で発表されたが、二〇世紀中には決着しなかった。

普天間から車で北に向かうと、米軍基地のキャンプ瑞慶覧《ずけらん》、キャンプ桑江が切れ目なく広がる。その先に極東の最重要基地・嘉手納《かでな》があり、ここまでかなりの距離を走るが、その途中、切れ目なしに米軍キャンプのフェンスが続く。右手がキャンプ、左手が海岸であるから、沖縄の住民が生きる場所はまったくない。五〇年代の朝鮮戦争を機に、米軍が村人を強制退去させて接収し、広大な基地を拡張したところだ。沖縄県ではあるが、沖縄県民に許されているのは、国道を通過するだけである。ここからはじまる軍事飛行場は、甲子園球場八〇〇個分を呑み込み、六つの市町村にまたがる巨大基地である。

およそ殺人兵器と言われるもので、嘉手納にないものはない。小高い丘から一望される四〇〇〇メートルの滑走路は、進入路から向こうの端が霞むほどの広大な基地だ。滑走路に戦闘機が突入し、着陸するかと思うと着地ギリギリの降下状態まで進入して、そのまま急上昇する。このタッチ・アンド・ゴーと呼ばれる訓練機の真下に、爆音を叩きつけられる民家の群がある。数十トンの燃料を搭載できる空中給油機が、わざとエンジンをむき出しにしたまま危険な〝故障訓練〟をおこない、飛行場の中を走り回るということさえおこなわれる。

沖縄の北部訓練場では、グリーンベレーのなかのさらに特殊部隊員が、戦場でのサバイバル訓練をおこなう。この一帯で、彼らは野獣の声をまね、毒蛇のハブが動きまわるなか、ジャングルでの待ち伏せ攻撃や、地雷の敷設訓練をおこなってきた。ヤンバルの森の深い樹海のなかにヘリコプターから落とされた兵士が、ナイフ一本、銃一丁を手にして、キャンプまで戻る訓練を受けてきたのだ。訓練では必ず死者が出るが、彼らの死体も、秘密に処理されている。この地獄が、戦後五〇年続き、問題が、九五年の少女の悲劇によって再び口を開いた。

これと類似のことが、規模と頻度こそ違え、日本全国の米軍基地で起こっている。北海道と三沢だけでなく、厚木、岩国、佐世保、横須賀など、それぞれの地域によって異なるさまざまな愚行が、地球の警察を自任する米兵によってくり返されてきた。アメリカ本土から出撃しても、一夜で北朝鮮を消滅させることができる米軍が、南北朝鮮の対立と緊張を口実に沖縄に駐留するなどは、戦略を知る軍人らしからぬ論法だ。これは国家安全保障のためにあるのではなく、軍需産業のための基地である。

図6　日本の防衛予算
（当初予算額）

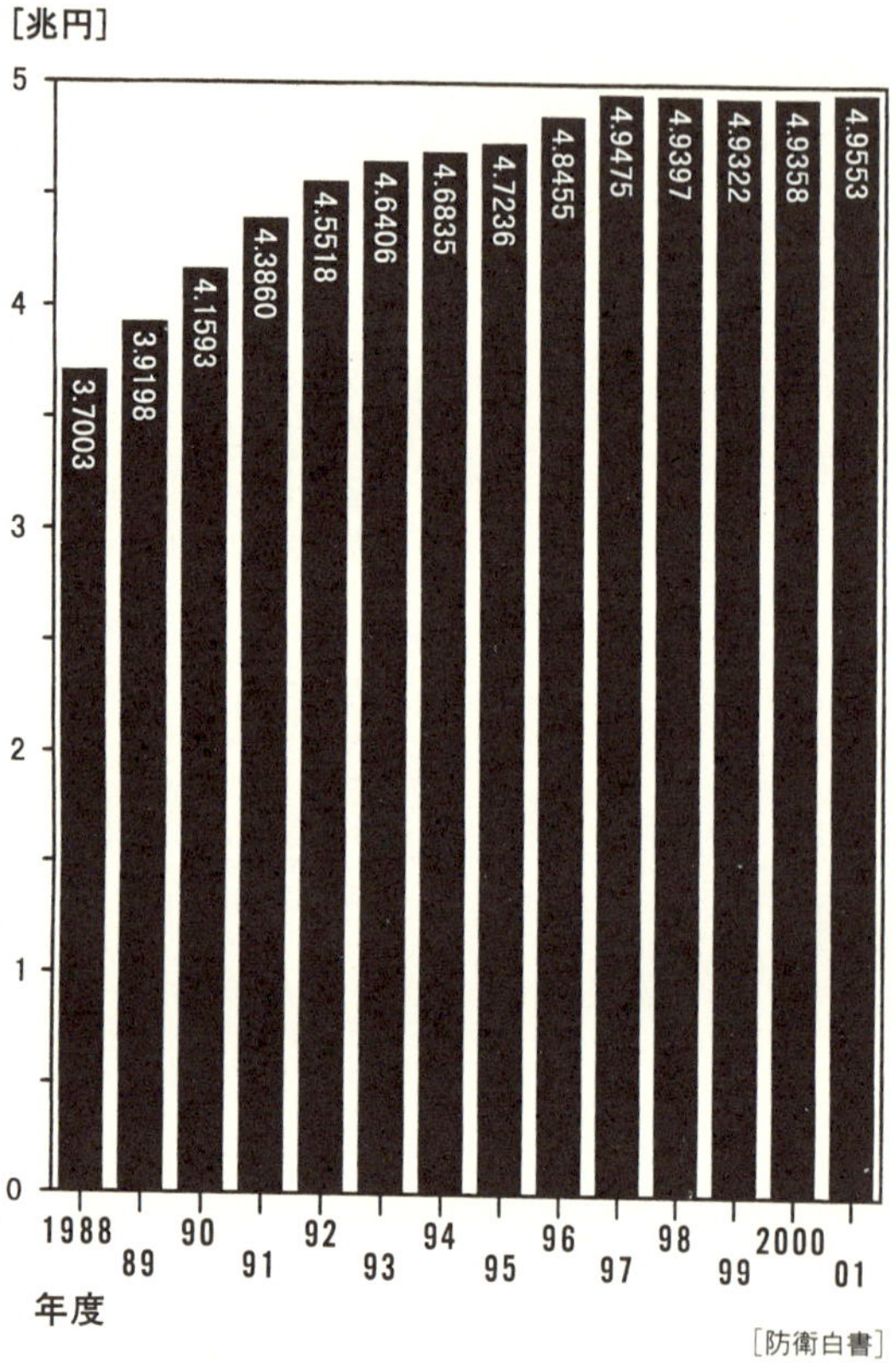

［防衛白書］

アメリカの軍需産業と退役軍人が「日本はハワイの真珠湾を攻撃した国だ」とした批判は正しかった。しかし日本を米軍の傭兵基地として正当化するのに、彼らが明らかに誤っている歴史的事実が二点ある。

第一は、米軍が土地を接収して最も苦しめてきた沖縄住民は、第二次世界大戦中に、アメリカを攻撃した人間ではなく、真珠湾攻撃を強行した大日本帝国の軍隊に侵略された土地の人間である。

第二は、真珠湾攻撃を実行した当時の大日本帝国の戦争責任者を戦後に解放し、日本の政財官界の要職に復帰させたのは、GHQのアメリカ司令官たちであった。

その結果、図6のように、日本は二〇〇〇年までに五兆円という巨大な軍事費を浪費する国家となった。ベルリンの壁崩壊の八九年度から二〇〇〇年度までに投入した国防予算は、日本経済が疲弊するなかで生活苦の国民の血税から合計五五兆六六五三億円も使われたのである。

カーライルと組むノースロップの新戦略

太平洋戦争で日本を叩いたグラマンの活躍から、戦後の日本に続々と兵器が送り込まれるまでの経過を見てきたが、九四年五月一八日に、ノースロップによるグラマンの買収が完了し、ノースロップ・グラマンが誕生した。ワイルドキャットやトムキャットに、ノースロップの高性能軍用機が合体したのである。

カリフォルニア州ロサンジェルスを本拠としてきたノースロップは、アメリカ海軍のマクドネル・ダグラス製FA18ホーネットの下請け製造や、ボーイング747の胴体下請け製造などをおこなってきた。そのため直接ペンタゴンの受注契約額として上位にはランクされなかったが、高度な技術力を持つ軍用機メーカーとして、アメリカ政府向けの生産が九割を占めてきた。三角翼を持つ見えないステルス爆撃機では、全米の軍需産業のトップに立ち、ペンタゴンの主契約メーカーとして君臨しているのである。

創業者ジョン・ノースロップが設計したアルファ機は、アメリカで最初の全金属製の旅客機であり、ガンマ機はハワード・ヒューズが世界速度記録を樹立した飛行機であった。通称ジャックことジョン・ヌードセン・ノースロップは、ドナルド・ダグラスのもとで働いたのち、二七年にアラン・ロッキードの会社に移籍し、主力のヴェガを開発した天才設計者であった。独立を望んだノースロップが会社を設立すると、たちまちウィリアム・ボーイングのユナイテッド・グループに買収され、再度独立するが、これもダグラス航空機の一部門に吸収され、三九年に三度目の独立を果たしてノースロップ・エアクラフトを設立した。これが後年のノースロップ・グラマンの母体であった。

ここでノースロップは、ほとんど翼だけのデザインで三角形の飛行機（全翼機）の爆撃機を開発し、四〇年に初飛行を成功させた。ところが高性能であるにもかかわらず、燃料を食いすぎるという理由で陸軍が採用せず、背後にはノースロップを買収しようとした利権があったと言われ、航空機業界のミステリーとされてきた。朝鮮戦争中の五二年にノースロップは退任して、後継者に経営を譲ったが、ノースロップ社は次のベトナム戦争時代に戦闘機とミサイル開発で事業を伸ばした。

ところがノースロップの雇った前述のカーミット・ルーズヴェルトJrが暗躍し、ノースロップ代理人が兵器商人アドナン・カショーギという時代に問題は起こった。七二年に会長のトマス・ジョーンズが、ニクソン大統領に再選運動中に不法な金を渡したことが発覚して罰金刑を受けたのである。しかものちに、それがただの選挙資金ではなく、ウォーターゲート事件のもみ消し用の秘密資金だったことが明らかになった。グラマン事件とまったく同じである。このニクソン政権時代には、次世代の米軍主力戦闘機の開発をノースロップのF17コブラとゼネラル・ダイナミックスのF16ファルコンが競い合い、大統領の決断が鍵を握っていたのだ。最終的にはF16が採用されてノースロップは敗れたが、F17はすぐれていたので、今度はマクドネル・ダグラスとの共同設計によって改造され、F18ホーネットとして生まれ変った。そこで両社は、それぞれが同じ機種を別々に製造する協定を結んだが、縄張り争いから両社は裁判闘争をしなければならなかった。八五年に出された判決によって、マクドネル・ダグラスが主メーカーと認定されたため、下請けにされたノースロップは新たな機種の開発に取り組みはじめた。

かつて天才ノースロップが開発し、不可解な謎に包まれたまま採用されなかった三角翼は、レーダーの反射がほとんどなく、敵側からキャッチできないステルス戦闘爆撃機として有力だったからである。ステルスブームが起こるなか、八九年には、ノースロップのＢ２爆撃機が初飛行に成功して、ロッキードやマクドネル・ダグラス、ボーイングなどがノースロップの下請けとなる立場に転じ、ついに合併後のノースロップ・グラマンがＢ２のペンタゴン主契約メーカー、ボーイングが構造部分を下請け製造することになり、共同で開発が進められるようになった。この開発は、ペンタゴンでも秘密のなかの秘密とされてきた。

これが実戦で登場したのは、しかし国際問題の渦中であった。ＮＡＴＯ軍によるユーゴ空爆が続く九九年五月七日、ユーゴにある中国大使館をＮＡＴＯが爆撃するという重大事件が起こった。アメリカ本土ミズーリ州の空軍基地から往復三〇時間をかけて出撃したＢ２ステルス爆撃機が、精密誘導の爆弾五発を撃ちこんだのである。これが誤爆だというアメリカの釈明を、信じる者はいなかった。

一方、ノースロップは九〇年代から新たな戦略に入った。九二年八月に、軍事投資会社のカーライル・グループとの共同出資で、ＬＴＶの航空機部門を買収したのである。全米第三〜四位の鉄鋼メーカーＬＴＶの航空機部門は、ウィリアム・ボーイングの最初のパートナーだったチャンス・ミルトン・ヴォートが創業したヴォート航空機から生まれ、コルセア機で有名な名門であった。ボーイング・グループ解体後は一時ヴォート・シコルスキー社となり、のち再び独立してテキサス州ダラスにチャンス・ヴォート工場をつくったが、戦後は空母艦載用のジェット機を生産してきた。これが六一年にリング・テムコに買収され、リング・テムコ・ヴォートLing-Temco-VoughtがLTVと改名されたのである。この航空機部門をノースロップが買収しただけでは大した事件ではないように思われたが、翌九三年に発足したクリントン政権がノースロップ副社長トーゴー・ウェストを陸軍長官に任命し、続く九四年にノースロップがグラマンを買収して、ペンタゴンとCIA中枢に関わる戦略が始動したのである（なお、一番の稼ぎ頭である航空機部門を失ったLTVは、鉄鋼事業の不振から二〇〇〇年末に倒産した）。

ウェスト陸軍長官の背後には、ノースロップとイランの複雑な事件がからんでいた。ノースロップはイラン独裁時代のパーレヴィ国王に取り入って、七〇年にイラン航空機の株四九パーセントを取得していた。ところが七九年一月にパーレヴィ国王が亡命してイラン革命が成功すると、アメリカの資産はすべて没収される運命にあった。一一月には、前述のようにテヘランのアメリカ大使館が占拠され、カーター大統領が人質の救出を命令し、八〇年四月にCIA副長官のフランク・カールッチをリーダーとする極秘の救出作戦が強行されたが、失敗したのである。この時カーター政権の国防長官補佐官として人質救出作戦を進めたのが、トーゴ・ウェストであった。彼はのちに司法界で大物となり、九〇年からノースロップ副社長となったが、一方カールッチも、八七年からレーガン政権の国防長官となり、八九年には軍事投資会社カーライル・グループに転じて、九三年から会長として君臨するようになった。このノースロップとカールッチが組んで、名門ヴォート社を買収したのだ。

ステルス爆撃機が時代の花形となるなか、九六年には、ノースロップがウェスティングハウスの防衛・エレクトロニクス部門を買収し、翌九七年には、ステルスで後れをとったロッキード・マーティンが焦ってノースロップ・グラマンとの合併を企てたが、これは白紙に戻された。元国防長官と陸軍長官を抱えるノースロップ・グラマン・グループは、二〇〇〇年六月にコンピューターシステム開発を専門とするコンプテック・リサーチの買収を発表し、商用航空製造部門をカーライル・グループに売却する計画を打ち出したが、ノースロップ・グラマンとカーライル両社はすでに一体となっており、部門を分離しただけであった。

続いて七月、ヨーロッパでドイツ、フランス、スペインの航空・防衛大手三社が合併した新会社ＥＡＤＳが発足し、ボーイング、ロッキード・マーティンに次ぐ世界第三位の航空・防衛企業が誕生すると、ＥＡＤＳとノースロップ・グラマンの提携が進められ、同時にカーライルは、ＬＴＶの社名を旧に復し、ヴォート・エアクラフト・インダストリーズという名門の社名を甦らせた。七〇年昔のチャンス・ヴォート社が航空機業界に復活したのである。

新生ノースロップ・グラマン（カーライル）・グループは、ベトナム戦争時代にペンタゴン戦略技術局長だったケント・クレサが会長兼最高経営責任者に就任し、多数の要人を重役室に迎えた。八〇年代にカールッチと組んだ国防次官補のジャック・ボースティングと陸軍次官補ロバート・ペイジ……下院国防小委員会をとり仕切った軍需族議員ジャック・エドワーズ……石油会社ハリバートンでチェニー会長（国防長官→副大統領）のもとで重役をつとめたリチャード・ステゲマイヤーと、国防総省をコピーしたような重役室となった。そこに、カールッチを育てた軍事シンクタンクのランド・コーポレーションから二人の重役が送りこまれ、二一世紀への扉を開こうとした時であった。

二〇〇〇年一二月二一日、ノースロップ・グラマンがリットン・インダストリーズを買収することで合意したのである。時まさに、ブッシュJrが次期大統領に決定し、直ちに組閣にとりかかる中、元ランド幹部のラムズフェルドが国防長官に内定しつつある時期である。八〇年代以降、三〇隻を超えるイージス型巡洋艦を製造してきた従業員四万人のリットンが、戦闘爆撃機の雄ノースロップ・グラマンと合体することは、海と空の戦略が産業界でも一体化することを意味しており、九〇年代以降のいかなる買収・合併にも見られなかった重大な現象である。

三九頁の図4に見られる通り、ノースロップ・グラマンとリットンとカーライルのペンタゴン受注合計額は、第三位レイセオンの五六・六億ドルと同額に達したのだ。話題となる花形は宇宙防衛論に集中してきたが、ノースロップ・グループはそれと異なる実戦型であり、最も危険な存在として注目されなければならない。

第4章　二〇世紀の戦争百年史

レイセオン社のアムラーム・ミサイル

アメリカの失業率と軍需産業労働者

前章まで各社の歴史に見た通り、アメリカはライト兄弟とリンドバーグという二人の航空パイオニアの登場によって、世界の軍用機を最初からリードしたため、それまでのスペイン艦隊やイギリス艦隊による海軍支配の時代を塗り替えた。三人に続いたのは、飛行機狂のカーティス、ボーイング、ヴォート、ロッキード兄弟、マーティン、シコルスキー、マクドネル、ノースロップ、グラマン、ダグラス、ハワード・ヒューズたち相互の開発競争と連携プレーであった。この大集団と互角以上に戦えたのは、ドイツのメッサーシュミットと日本の零戦だったが、第二次世界大戦によってアメリカ・グループが団結してドイツと日本を殲滅《せんめつ》した。しかもアメリカは、当時地球上で最高頭脳であったドイツ軍のロケット技術を戦利品として、フォン・ブラウン博士ごと奪い去って、アメリカの軍需産業は宇宙に進出し、とてつもなく巨大な怪物となった。そして最後に残ったライバルの軍事帝国・ソ連が崩壊したため、資金面でも技術的にも、名実共に世界一の座を占めるに至った。

ベルリンの壁が崩壊してから二〇〇〇年まで、アメリカと主要国の軍事予算を比べると、イギリス、フランス、ドイツ、日本の軍事予算すべてを合計した金額は一二〇〇〜一五〇〇億ドル程度であるのに対して、アメリカは一国で三〇〇〇億ドル前後の予算を組み、一貫して四ヶ国合計の約二倍であった。つまり八ヶ国分に相当する軍事力がアメリカ合衆国に存在する。

だが、アメリカの軍需産業は平坦な道を歩まなかった。戦争で収益があがるたびに工場を拡大したため、一時的な戦争が終るごとに苦難の失業時代が襲いかかった。それを救済するには、外国への兵器輸出が最も手っとり早かった。そのうち、最大の収入をもたらしたのは、軍用の航空機と宇宙分野の製品であった。

アメリカが軍用航空・宇宙関連の製品を輸出した年間の平均額は、過去二〇年間、大統領ごとに、図7のように変化した。

カーター政権	二七億ドル／年（一九七七〜八一年）
レーガン政権	五六億ドル／年（一九八一〜八九年）
ブッシュ政権	七六億ドル／年（一九八九〜九三年）
クリントン政権	八八億ドル／年（一九九三〜九七年）

大統領が民主党か共和党かということは無関係であった。一貫して伸びを示してきたのである。この経過を、失業問題から追ってみる。

失業率が高まると戦争が起こる。戦争が終ると失業率が高まる。そこに国民総生産（GNP）の上昇という大きな変化が重なる。それが世界的な経済の波動に相乗効果をもたらす大きな一因であるという事実は、これまであまり重視されていない。

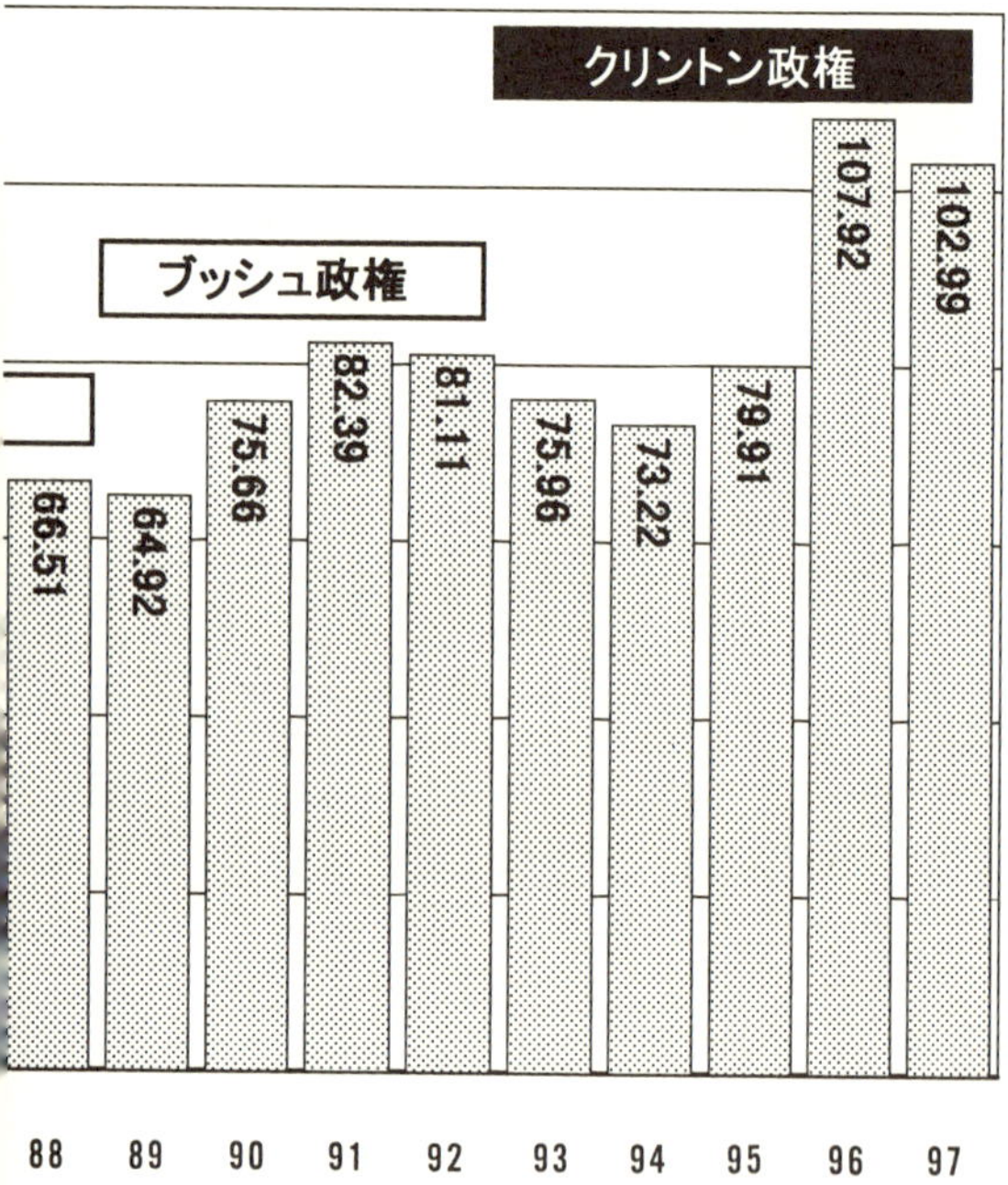
クリントン政権
ブッシュ政権
66.51
64.92
75.66
82.39
81.11
75.96
73.22
79.91
107.92
102.99
88
89
90
91
92
93
94
95
96
97

図7　アメリカの軍用航空宇宙製品の輸出額

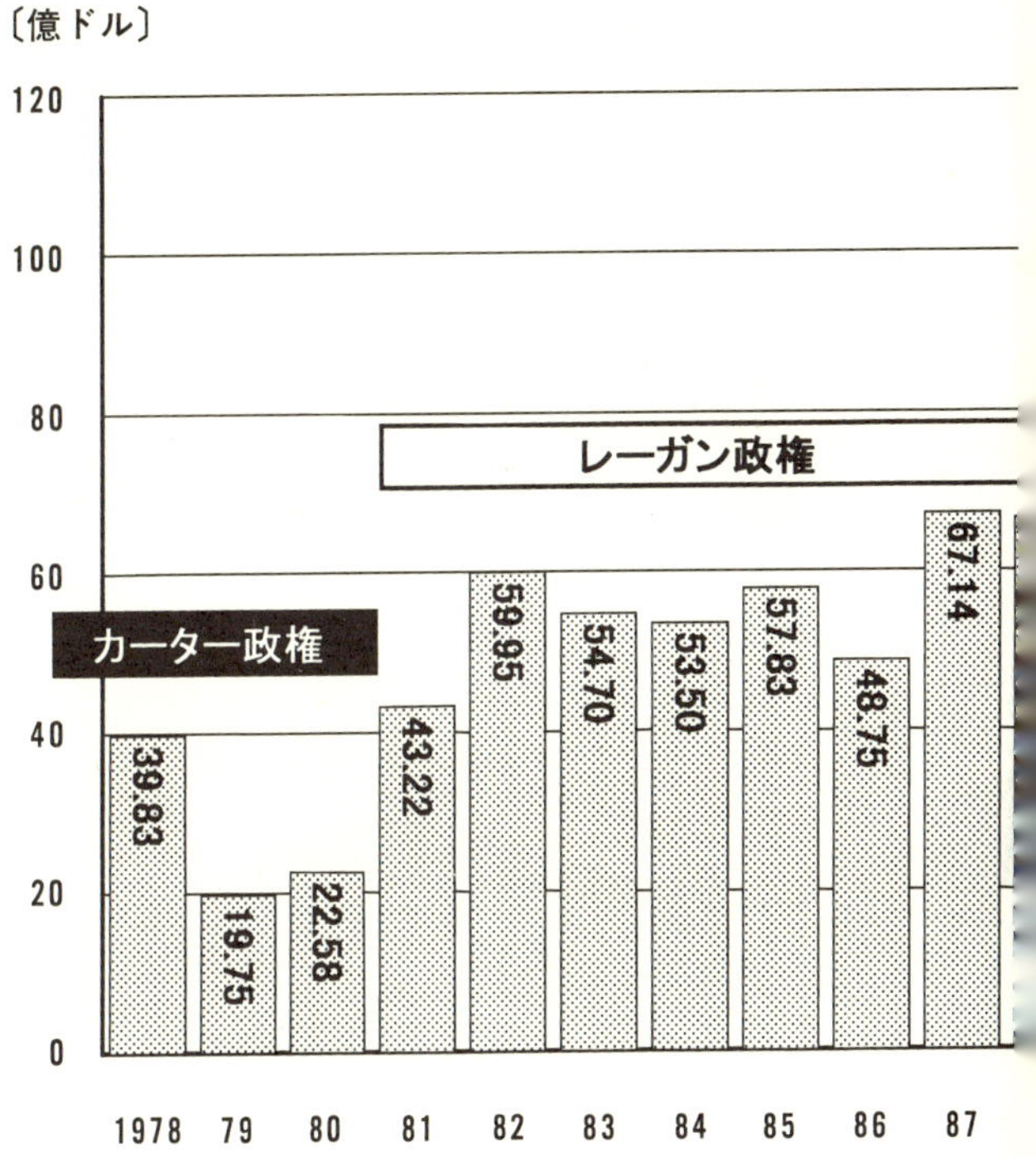

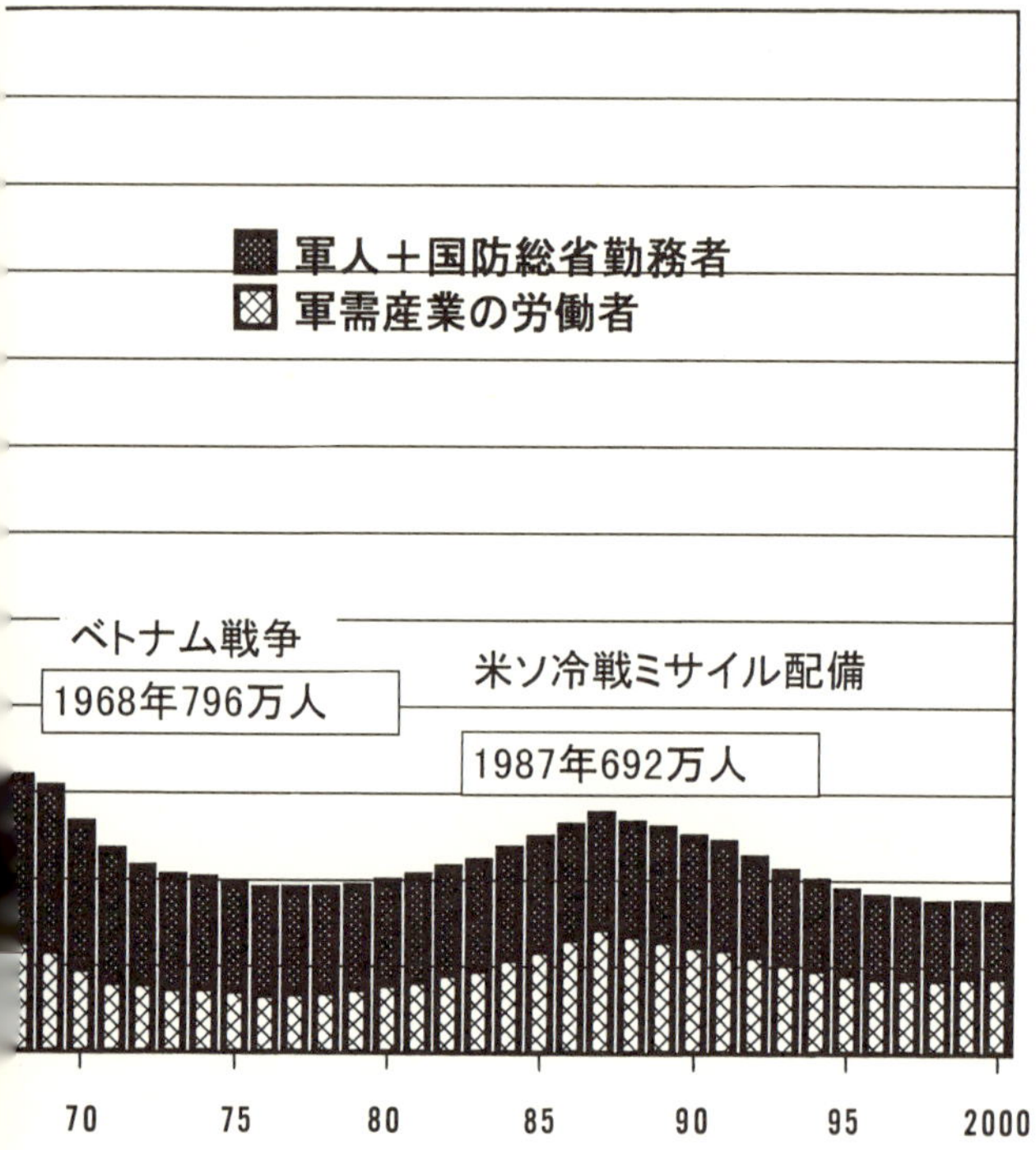

軍人＋国防総省勤務者
軍需産業の労働者
ベトナム戦争
1968年796万人
米ソ冷戦ミサイル配備
1987年692万人
70
75
80
85
90
95
2000

図8　アメリカの軍事従業者数

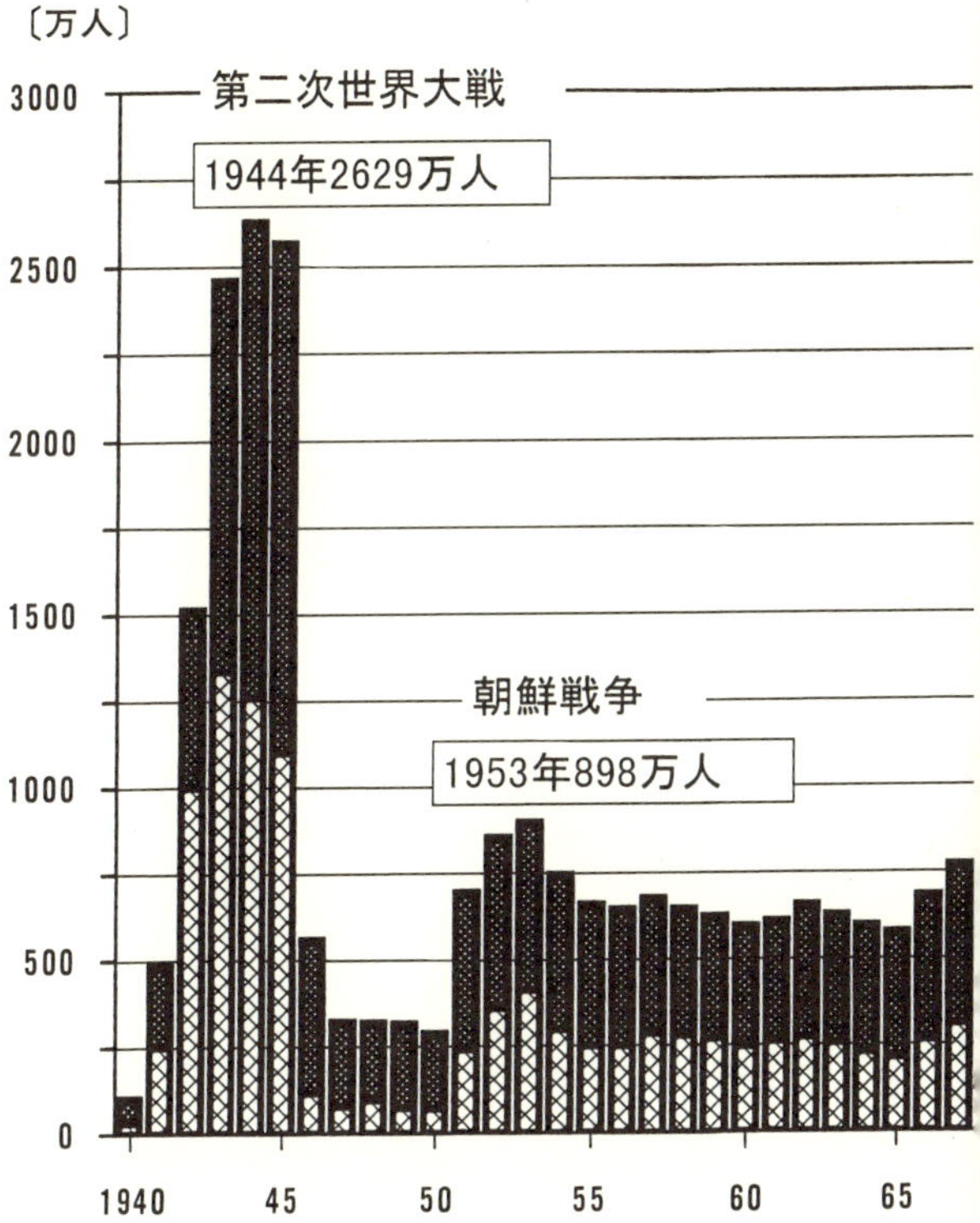

戦争と失業率の根深い関係は、過去の歴史に実証されてきた。第二次世界大戦中には、軍需産業に従事する労働者は、一九四三年に一三三六万人のピークに達し、終戦の年（四五年）には軍部の実戦部隊がピークに達して一二〇五万人を数えた。この軍人に、陸・海・空軍（のちのペンタゴンに相当する部門）に勤務する非戦闘員の軍事職員を加えると、政府の軍事関係者は一四六八万人に達した。これら民間と政府を合わせると、図8に示したように、軍事に関係するすべてのアメリカ人の総計は、四四年がピークで、二六二九万人を超えたのである。

四四年当時アメリカの人口は、二一世紀を迎えた現在のほぼ半分の一億三八四〇万人であり、そのうち労働力は六五三〇万人だったので、働き手のうち四割が直接、軍事分野に職場を得ていた。ざっと二人に一人がミリタリーとなるのが、大戦争である。これは日本でもヨーロッパでも、世界大戦に参加した主要国では、同じであった。

加えて戦争中には、民間の非軍事産業のうち、大半の人間は本能的に国を守る精神状態に目覚める。「戦争に勝つ」と意気ごみ、あらん限りの知恵と力をふりしぼって軍事グループに奉仕し、国民皆兵という時代であった。そのため終戦翌年の四六年には、図8のグラフが急降下し、大ショックがあらゆる産業界を襲ったのである。

昨日までつくっていた鉄砲や戦車、軍用機などの製品から、いきなり住宅や家庭の生活用品に変るので、工場ラインには革命が起こる。人殺しから、今度は人間が生きる生活を支える作業に切り換えなければならない。頭の中身を入れ換えるだけで大変だが、メーカーの機械はすぐに入れ換えできるものではない。

日本は悲惨であった。しかしアメリカも同じであった。四六年に公開されてアカデミー賞をほぼ総なめにしたウィリアム・ワイラー監督の名画『我等の生涯の最良の年』は、復員兵の苛酷な人生とこれら無用になった戦闘機の残骸を描いて、アメリカ人に衝撃を与えた。全米で、注文がこないロッキードもグラマンもボーイングもゼネラル・ダイナミックスもマクドネルもダグラスも、大量首切りをしなければ経営が成り立たなかった。軍需産業の労働者が一三三六万人のピークから一一七万人へと激減し、一二〇〇万人を超える膨大な数の国民が軍事分野で職を失ったのである。二〇〇一年現在の東京都の人口に匹敵する数だが、人口が半分だった時代なので、現在に置き換えればその倍の重みがあった。二四〇〇万人が一年で失職すればどうなるかは、想像に難くない。この混乱が、戦争という大仕事を終えたあとの「平和の配当」である。この苦い配当には、勝者も敗者もない。

そのころのアメリカは、世界中で唯一、戦場とならずにすみ、奇襲を受けたハワイの真珠湾を除けば国内に被害は一切なく、たったひとりの勝者と言われた。しかも疲れ切ったほかの国に比べてアメリカ人は意気盛んで、軍需景気がもたらした財貨のおかげで、抜きんでた工業力と経済力を持続していた。そのため、かろうじてこの史上空前の軍事関係失業者の大半を、民間で吸収できた。ほぼ四分の三に当たる九〇〇万人を民間にシフトさせたアメリカの工業力は、大したものであった。それでもなお、〝全労働力に対する失業者の割合〟で単純失業率を計算すると、四五年の一・三パーセントが、ほんの四年後の四九年には六・四パーセントまで急上昇しなければならなかった。軍需産業に依存する軍事大国の宿命は、ここにある。

　食事に事欠く失業者の存在は、為政者を戦争への誘惑に駆り立てる。トルーマン大統領が打ち出した「ソ連との冷戦」という対決政策は、真の誘因がここにあった。政治家が戦争を仕掛け、喧嘩をふっかけるのに、口実はいくらでもつくり出せる。やくざが因縁をつけるのと同じやり口で、黙っている相手にちょっかいを出せばよい。日に日に深刻となる失業問題は、イギリスでチャーチル内閣が総辞職したあとのアトリー労働党内閣も同じであった。ソ連のスターリンも同じであった。

　その後のアメリカでは、軍需産業が労働者を吸収するピークは三度訪れた。そのうち二度のピークは、朝鮮戦争が終結した五三年の四一二万人と、ベトナム戦争で米軍がソンミ村の虐殺事件を起こした六八年の三一七万人である。軍人とペンタゴン勤務者を合わせると、それぞれ八九八万人と七九六万人で、いずれも大戦争の年であった。他国に乗り込んだ軍用ヘリコプターが空を飛び回り、隙間もないほど爆弾を投下して人殺しを楽しんでいた時代に、いかに軍需産業の工場がフル操業を続けていたかを、これらのピークが実証する。ベトナムで罪もない農民の家がナパーム弾で焼かれ、親子が引き裂かれてジャングルをさまよっていたころ、ロッキードやグラマンの幹部たちが、高給をむさぼり、政府高官にソフトマネーと呼ばれる資金を提供し、戦争を持続していた。

このあと、次々とアメリカの軍隊の残忍な行為が世界的に報道され、米兵のなかにベトナム反戦運動が芽生えると、その告発が大きな政治力となって、アメリカ人は戦意を喪失した。七五年四月三〇日に南ベトナムの首都サイゴンが陥落し、巨大軍事帝国を誇ったアメリカの軍隊が建国以来初めて、しかも小国ベトナムの住民ゲリラに敗北するという苦い体験を味わった。しかし時の経過は、すぐに悪い記憶を忘れさせるものである。アメリカの市民社会は、失業問題に直面して意識が次第に変ってゆき、反動として、戦後第三の軍需ピークを待望する声が反戦運動をおしのけるまでになった。

八一年に大統領に就任したレーガンが「強いアメリカ」政策を打ち出すと、NATOが、中距離核ミサイルをヨーロッパに配備する計画を発表したのである。ソ連に対する限定核戦争というとてつもない危険な賭けに踏み切ると、西ドイツでNATO軍が大々的な演習をくり広げた。八二年にはアメリカで九・六パーセントという高い失業率の時代を迎え、八三年には終末核戦争の危機が真剣に語られた。そのころすでにホワイトハウスから配分された軍事予算の拡張効果が浸透しはじめ、軍需産業が再び大量の労働者を吸収しはじめた。失業率が急降下すると、それが〝経済政策の効果〟と誤解され、レーガンの人気は大いに高まった。八四年の大統領選挙で、彼は圧勝した。

軍需産業に働くアメリカ人は、八七年にはベトナム戦争時代をしのぐ三六二万人にまで達し、ペンタゴンを含めた官民総計の軍事勤務者は六九二万人にふくれあがった。それでも、軍事ではない普通の全米労働者一億一〇〇〇万人弱に対して、失業者を含めた総労働力のなかで五・七パーセントであった。第二次世界大戦中の比率四〇パーセントとは、まるで違っていた。

ブッシュ政権〜クリントン政権〜ブッシュJr政権への変化

続いて軍需産業ピークから二年後、ブッシュが大統領に就任した八九年一一月、誰も予期しないベルリンの壁崩壊という大事件が起こった。東ドイツから西ドイツに向かう車の洪水がテレビに映し出され、人びとは熱狂して抱き合った。ルーマニアでは独裁者チャウシェスクが処刑され、東ヨーロッパ全土で社会主義革命の父レーニンの像が引き倒された。九〇年に入ると、ロッキードが標的としてきたソ連全土に民族暴動が広がり、もはやソ連という国家が存在しないことは火を見るより明らかとなり、平和ショックが全世界の軍需産業に襲いかかった。

ブッシュ大統領はただちに兵力削減計画を打ち出し、軍事大国アメリカが三年間で兵力を一一〜一二パーセント減らすことを決定した。この政策によって当然ペンタゴンの予算も縮小され、軍需産業への発注が大幅に切り詰められた。東西ベルリンの壁をヨーロッパ人たちが崩すという明るいドラマのなかでは、トルーマン以来の四〇年にわたって金科玉条としてきた「東西対立・冷戦」という武力の論理を、軍需産業は失っていた。四月にロッキードは、軍用機を生産するカリフォルニア州バーバンクやジョージア州の製造拠点で、従業員二七五〇人をレイオフさせる計画を発表しなければならなかった。

次頁の図9に示す軍事費の変化（一九八八〜九九年）は、ベルリンの壁崩壊後に急速に縮小されたアメリカ、イギリス、フランス、ドイツの主要四ヶ国の一二年間の下降傾向を反映している。九九年までにアメリカはピーク（九一年）から一四パーセント減少、同様にイギリスは九二年から八パーセント、フランスは九三年から四パーセント、ドイツは九〇年から一二パーセント減少したのである。一見するとそれほど大きな数値には感じられないが、それまで急上昇してきたカーブが逆転し、九〇年代の猛烈な経済成長率を合わせて見れば、これはとてつもないショックであった。その減少分を補うために日本だけが伸びを続け、八九年から軍事費を二六パーセントも増加させられる結果となったのである。

アメリカの軍事費三〇兆円以上（約三〇〇〇億ドル）という金額は、過大というより異常である。アメリカ国民一人当たり九一年に一二六五ドル、四人世帯で年間六八万円にも達し、それを兵器メーカーとペンタゴン職員が分け合った。一四パーセント削減されれば四〜五兆円の予算が消える。米軍の兵力削減計画を打ち出さなければならなかったブッシュ大統領の肩にどうしようもなくのしかかってきたのが、軍需産業と国防総省の危機であった。そこでアメリカ政府は、軍需産業を窮地から救い出すために、合併と統合を奨励し、ちょうどその時ＧＥの最高経営責任者ジャック・ウェルチが社内に進めて大きな成果をあげていたリストラクチャリングを軍需産業に促進させた。しかし首切りを進めれば会社は立ち直るが、労働者は職場を失い、失業問題がアメリカとヨーロッパに広がった。ブッシュは、兵力を削減しながら、失業者を出してはならないという大統領としての苦渋の決断を迫られた。

レーガン時代に九・六パーセントから五・二パーセントまで減少した失業率が、ぐんぐん上がりはじめた。しかしいかにアメリカが軍事国家であっても、レーガン時代に戻ることはでき

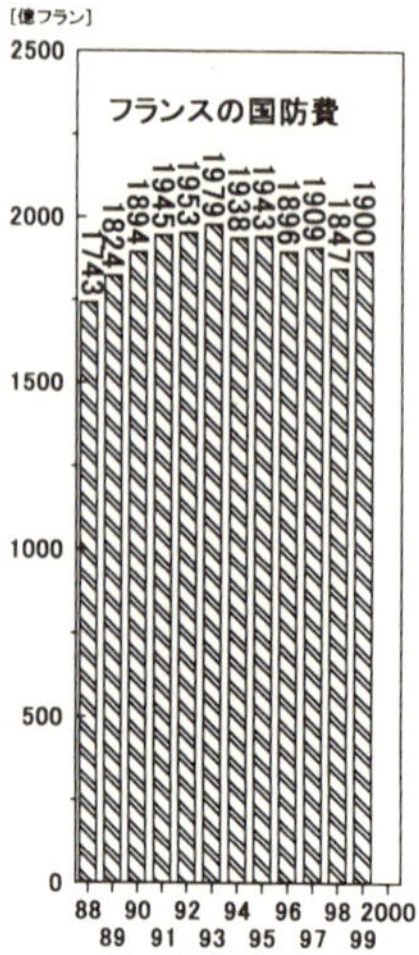

図9　「ベルリンの壁崩壊」以来の5ヶ国の軍事費変化

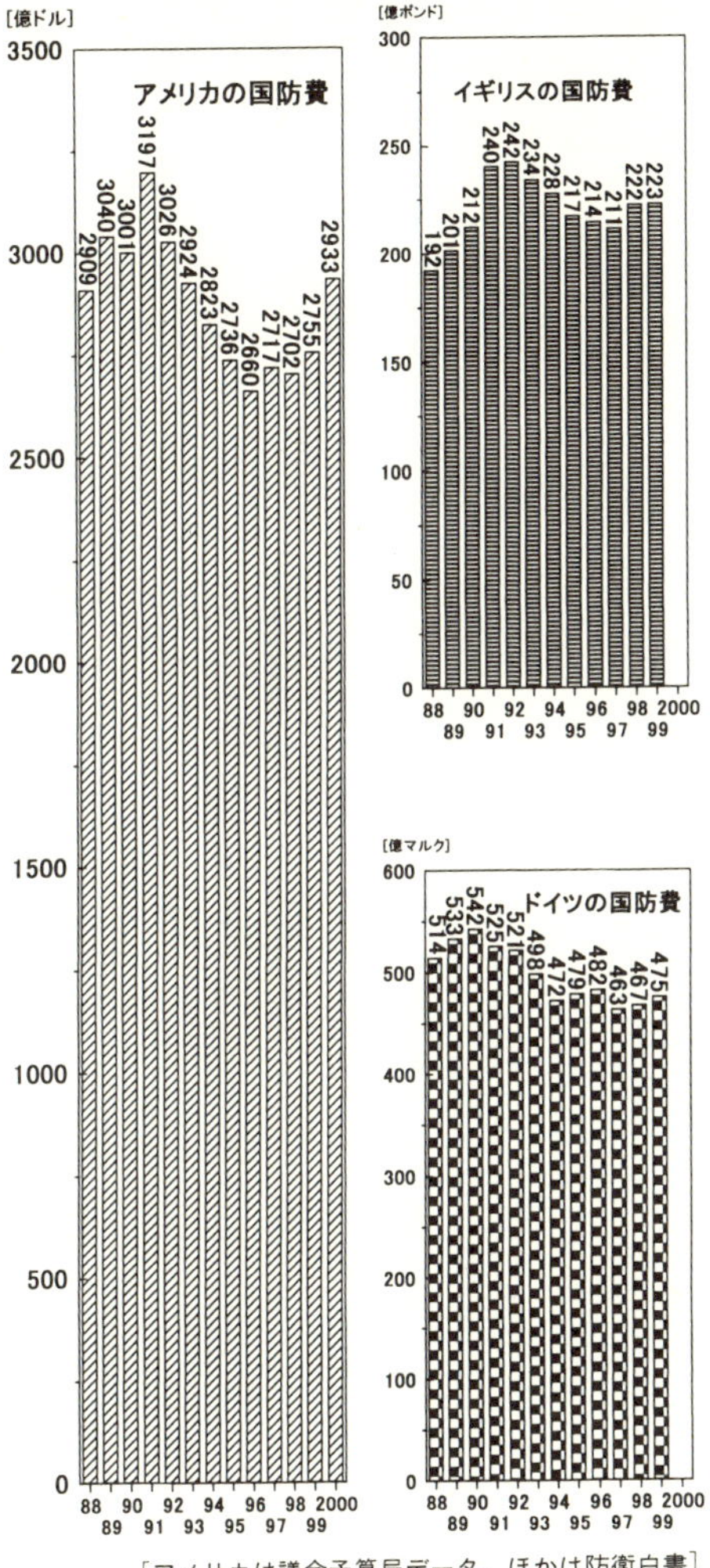

［アメリカは議会予算局データ、ほかは防衛白書］

なかった。軍需産業と国防総省が全労働力に占める比率は六パーセントであり、彼らだけが、残る九四パーセントの非軍事労働者の税金を浪費してもよいという理屈は、全米には通用しなかった。

この失業者を救済するため、ペンタゴンが主導する形で、九一年一月に湾岸戦争が強行されることになった。のちに明らかにされたのは、ブッシュ大統領やジェームズ・ベーカー国務長官が開戦を主導したのではなく、軍部が作戦を立てると、現地の事情を知らないホワイトハウス閣僚はそれを承認しなければならない状況に置かれる、という開戦の原理であった。

この開戦によって何が起こったか。平常時であれば、会計検査院が発表したホワイトハウスの国防予算に対して、実際の支出額はそれより一パーセント増える程度である。しかしブッシュ政権が九一年度（九〇年一〇月〜九一年九月）に組んだ国防予算二七三三億ドルに対して、この期間に起こったイラクのクウェート侵攻と湾岸戦争によって、実際の軍事支出はそれより一七パーセントも増加して三一九七億ドルとなった。

それでも湾岸戦争は、アメリカの国内問題を解決しなかった。皮肉にも、エレクトロニクス技術を磨き上げた米軍の前に、イラクの軍隊は弱すぎてひとたまりもなく、軍需産業にとってわずか一ヶ月余りのカンフル剤にすぎなかった。むしろ湾岸戦争のために工場生産をふくらませた分だけ、その反動は大規模なレイオフとなって労働者を襲ったのである。湾岸戦争終了直後から、ペンタゴンに爆撃機製造契約を中止されたマクドネル・ダグラスやゼネラル・ダイナミックスの重役室は、工場閉鎖寸前のパニックで大混乱に陥った。両社がワシントン政府を連邦裁判所に訴えなければならなかったのはそのためである。

翌九二年には失業率が七・三パーセントまで上がった。ブッシュは苦悶しながら、巨大な軍需産業を維持するただひとつの方法を見出した。外国の紛争を利用して国防予算を引き上げることであった。ガリ国連事務総長を中心とするプロジェクトが始動し、国連の平和維持活動《PKO》を隠れ蓑とする死の商人の暗躍によって、膨大な量の兵器輸出と密輸がおこなわれ、国務長官がそれを公然と支援した。外国からの売上げがあれば、アメリカの兵力を削減しても、ロッキードやボーイングは生き残れる。特に軍用機は、そのかせぎ頭であった。

ブッシュはクリントンと争う九二年の大統領選挙中に、マクドネル・ダグラスのセントルイス工場を訪れ、熱狂的な拍手のなか、「わが政府は、サウジアラビアへのF15戦闘機九〇億ドルの売却を認可します」と約束し、続いてゼネラル・ダイナミックスのフォートワース工場に赴くと、「みなさんが製造しているF16戦闘機の台湾への売却禁止を撤廃し、一六〇機、総額六〇億ドルの輸出を認可します」と発表して、ここでも圧倒的な人気を博した。これらの工場で大歓呼に迎えられた彼は、しかし全米規模の大統領選で敗北したのである。

そうする間にも、軍需産業によって、世界中に紛争が起こされた。これらの紛争は、自然に起こったのではない。小火器メーカーのコルト・インダストリーズや、アライアント・テクシステムズのようなライフル、ショットガン、拳銃、マシンガンと弾薬のメーカーが世界中に武器・弾薬を売りまくって、紛争をあおった。六三〜六八年にコルト・インダストリーズ副社長としてベトナム戦争で大きな収益をあげたデヴィッド・スコットは、レーガン政権の時代にはマーティン・マリエッタの重役となっていた。銃砲の武器メーカーと軍用機の兵器メーカーが、同じ人間によって動かされていたのだ。序章に紹介した湾岸戦争のデヴィッド・ジェレミア統合参謀本部副議長がアライアント・テクシステムズの重役となったように、武器と兵器の同時普及は国家的な戦略であった。

大統領選挙でブッシュを倒してホワイトハウスに入ったクリントンは、初めの三年間だけ平和な大統領として振る舞い、ベトナム反戦時代の自分こそが「兵器の拡散を終らせる新しい大統領」であるかのように活動した。ブッシュ時代より軍用機の輸出が少し減った。失業率と戦争規模と軍事予算とGNPは、数学的に公式を立てられる正確な四次元の関数である。ところが九二年をピークに二〇〇〇年まで失業率は一直線に下がり続け、大戦争はNATO軍によるユーゴ空爆だけであった。これはクリントン政権の功績と言われたが、本当なのか。

かつては侵略による利益が戦争の最大の動機だったが、ウォール街による集金のほうが、侵略より迅速で効率的な時代となった。世界中から一瞬で大金を集める投機産業が跋扈《ばっこ》した。こ

図10　四半世紀におけるアメリカの軍事費

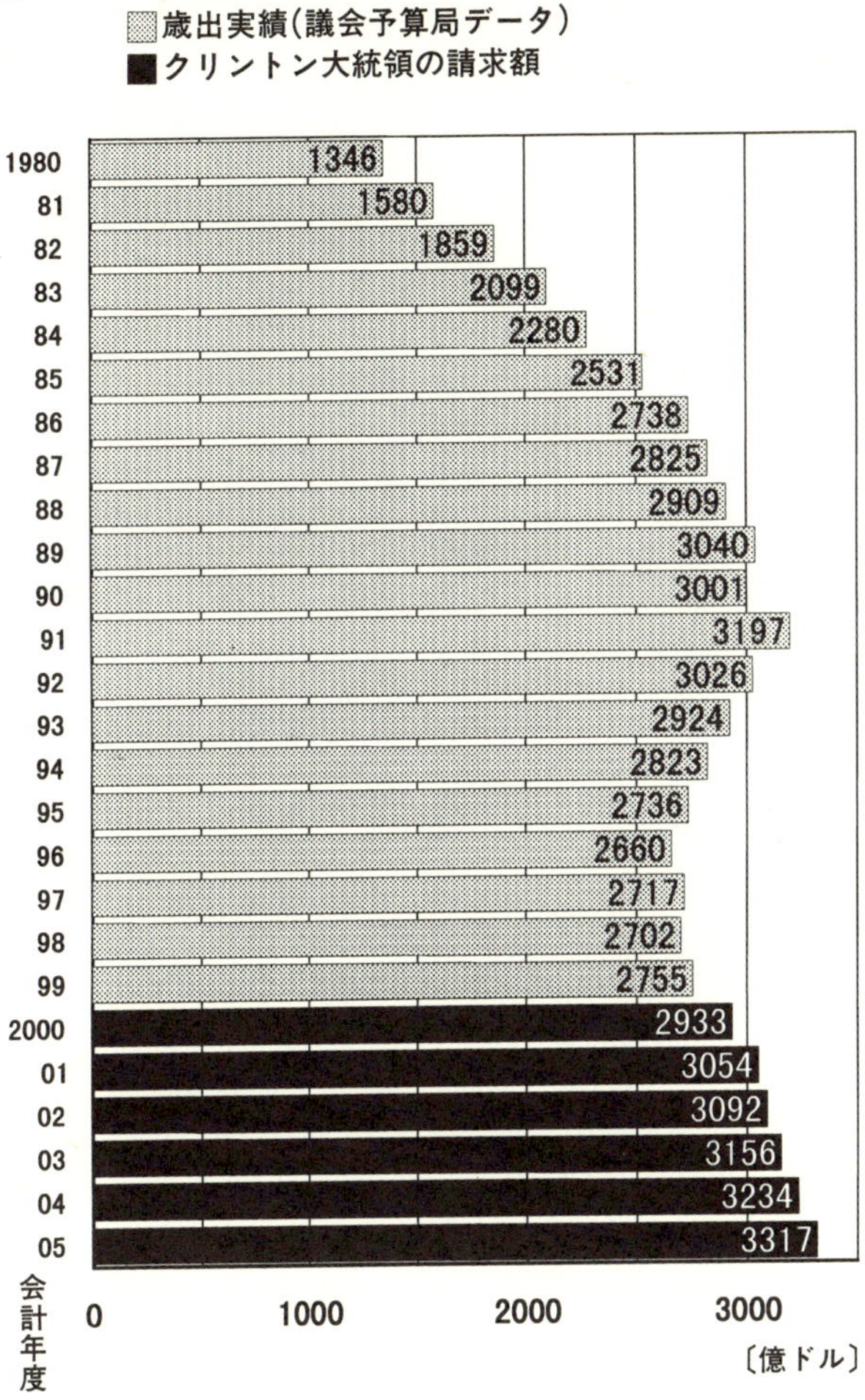

れが、戦争なしで失業率を下げた最大の原因と経済学者はみなした。それは正しかったが、一方でクリントンが九四〜二〇〇一年度のために組んだ軍事予算は、レーガンが八二〜八九年度のために組んだ金額より大きかった。第1章図2の予算額を年間平均にすると、レーガンは二五三〇億ドルだったが、クリントンはそれより一割近く多い二七六九億ドルであった（アメリカの会計年度は前年一〇月からスタートするので、クリントンが九三年一月に就任して「九三年一〇月〜九四年九月予算」を初めて自分で組み、それが「九四会計年度」となる）。

軍需産業にとっては、戦争に代る軍事的緊張と兵器輸出の伸びがあれば、それで充分である。前頁の図10に示した歳出実績でも同様である。クリントンは九六年から本性をあらわし、二〇〇一会計年度までの後半四年間の第二期予算では、国防費が年平均二八〇〇億ドルを突破した。しかも大統領就任後の九三〜九七年の五年間に、アメリカから輸出された軍用機は二四一〇機、総額一〇一億ドル、ほぼ一兆円にのぼった。中古機やヘリコプターなども含まれるので平均すると一機当たり四億円とひどく小さいが、そのなかに潜んでいる三〇〜五〇億円の戦闘機と爆撃機および大型軍用輸送機がドル箱となって、毎年二〇〇〇億円前後をロッキード・マーティンやボーイングらの軍用機メーカーにもたらしたのである。

このころ「コソボ共和国亡命政府」首相を名乗るブコシなる人物が、ドイツを中心に活動しながら、アルバニア系武装組織「コソボ解放軍」に銃砲と資金を提供していた。さらにブコシは、NATO軍と通じて、兵力四〇〇〇人を数える独自の武装組織FARKをコソボに送り込み、この部隊が重火器戦力を九八年半ばから増強してセルビア人への攻撃を強化したのである。それがセルビアを怒らせ、内戦が引き起こされた。あとはミロシェヴィッチ大統領を悪人に仕立てる西側と国連のメディアが一方的に報道をリードし、九九年三月にNATO軍のセルビア攻撃がはじまった。ブコシが送り込んだ資金と武器は西側軍需産業から得た三〇億円程度と言われ、ヨーロッパで最も貧しいアルバニア系住民には生活を潤す夢のような大金であった。しかも軍需産業には、その見返りが数十倍になって戻ってきた。

ユーゴスラビアで展開されたNATO軍の犯罪

九九年三月二四日、北大西洋条約機構（NATO）軍が、「ユーゴスラビアでは、アルバニア系の住民に対して、セルビア人による組織的な虐殺がおこなわれている」として、ユーゴスラビア全土に対して攻撃を開始した。アメリカのクリントン大統領、ゴア副大統領、オルブライト国務長官、コーエン国防長官らの主導によって、イギリスのブレア首相、ドイツのシュレーダー首相、フランスのシラク首相、NATOのハビエル・ソラナ事務総長（スペイン）、NATO軍事委員会委員長クラウス・ナウマンらの合意のもとに大攻撃が開始された。NATO軍は国連の承認なしに、NATO加盟国と無関係の主権国家ユーゴの内政に軍事介入したのである。

ドイツが第二次世界大戦後初めて実戦の戦闘に参加し、国連の安全保障理事会では、ロシアが激しくNATOを批判した。イタリアは憲法一一条で「他の人民の自由を侵害する手段および国際紛争を解決する方法としての戦争を否認する」と定めているので、出撃二万回を超える攻撃に参加しながら、イタリア政府は「宣戦布告していないので、これは戦争ではない」と空爆を続行した。

NATO軍の攻撃は、巡航ミサイルと爆撃機による攻撃を柱とし、F117ステルスが出動した。全世界に報道されたセルビア人による民族浄化・虐殺の信憑性は薄かった。攻撃開始一週間後には、ロイター通信が「セルビア治安部隊に処刑されたはずのフェヒミ・アガニ、バトン・ハジウの二人が生存している」と報道し、のち生存が確認され、数々のNATO発表の嘘が判明していたからである。

四月三日にはアルバニアの首都ティラナ中心部へ米軍の巡航ミサイルの攻撃が開始され、住民への被害が拡大して大戦争に発展した。四日、ペンタゴンの報道官が、ユーゴスラビア連邦軍の戦車部隊に対抗するため、米軍がマクドネル・ダグラス製の地上攻撃用ヘリコプターAH64アパッチ二四機と支援部隊二〇〇〇人をアルバニアに派遣すると発表した。その日、セルビアの首都ベオグラードで九〇万人に給湯するセントラルヒーティング施設がNATO軍に爆破され、寒きバルカン半島の住民を凍えさせた。すでにこの段階で、爆撃を逃れるため、コソボからの難民と避難民の総数は一一〇万人に達した。

ごくわずかだが、兵器がもたらした被害について、事実のうちいくつかを記録しておく。四月二七日には、ブルガリア国境近くのユーゴの都市スルドゥリツァで、近くに軍事施設が一切ない住宅街五〇〇棟が攻撃され、老人、女性、子供ら二〇人の遺体が散乱。以後、首都ベオグラード住宅街が猛爆撃により破壊されて民間人死者多数。コソボ州内ルザネの幹線道路の橋を空爆、路線バスが大破して川に転落、民間人乗客四七人が死亡。女性の手首などが散乱し、死者のうち一五人が子供で遺体は黒こげになっていた。

五月に入るとコソボ州都プリシュティナ北西のコソフスカ・ミトロビツァがミサイル攻撃され、アパートなどが崩壊して住民数十人死傷。北西部ペチ近郊のサビネボデを走行中のバスが大破、二〇人以上が死亡。乗客はコソボのアルバニア系住民で、ほとんどが女性と子供。ユーゴ南東部にある第三の都市ニシュの市街地が爆撃され、病院などで死者一五人、五〇人負傷。中国大使館がミサイル爆撃で炎上、大破して新華社通信の女性記者など死者三人、行方不明一人、大量の負傷者。ホテル・ユーゴスラビアが爆撃され、全館炎上、宿泊客が死亡。コソボ南西部プリズレン近郊の村コリシャがF16戦闘爆撃機によるレーザー照射ミサイル三発などで爆撃され、アルバニア系避難民の死者およそ一〇〇人、犠牲者の大半は女性と子供。

二〇日未明にNATO軍がベオグラード市内の住宅地などを大規模爆撃、病院がミサイルに直撃され病棟の三分の一が崩壊、患者が死亡、近くの産婦人科病棟も被害を受け闇の中で看護婦の悲鳴が病院内に響く。「ここは病院だ。これが人間のすることか」と病院副院長。三〇日にはユーゴ全土でセルビア正教の聖なる祭「三人の聖者の日」がおこなわれる中、中部バルバリンの橋がミサイルで破壊され、祭の参加者や助けようとした司祭たち市民が死亡、多数の子供が殺され、司祭らの首が吹き飛ぶ現場は地獄の様相。中部ヤシケ村の祝祭でも空爆で市民が大量死、南部ニシュ近郊の村でも市民死亡。セルビア全土が爆撃される。翌日にはユーゴ南東部の都市スルドゥリツァの老人ホームと結核療養所に五発のミサイル命中、高齢者と病人などが大量に死亡。

すべての記録を残す紙面はない。クリントン大統領、ゴア副大統領、オルブライト国務長官、コーエン国防長官らに釈明の余地はなく、彼らが悪魔だったという事実を記しておく。六月九日夜、ユーゴ連邦軍とNATO軍の高官協議が合意に達し、ユーゴ連邦軍とセルビア治安部隊が撤退を完了する合意文書に調印。翌一〇日にユーゴ連邦軍が撤退を開始すると、NATO軍が空爆停止を宣言して、七九日間の戦闘を終了した。

NATOの攻撃で、ベオグラード北西の石油精製タンク、肥料・プラスチック原料タンクなど石油化学コンビナートの化学プラントが破壊されて炎上し、有害物質がドナウ川に流れ出し、真っ黒い煙が空を覆う大公害をもたらした。ユーゴ全土では石油貯蔵施設の五七パーセントが破壊された。マケドニアなどバルカン半島での放射能レベルが通常の三倍に上がりはじめたのは、四月下旬からであった。通常爆弾とは桁違いの貫通力を持つ劣化ウランを使ったガウ・ガトリング・ガン30ミリ弾がコソボの戦車攻撃に使用されていたのだ。

最も不思議な疑問は、経済破綻して武器を購入できないユーゴがなぜ武器を持っていたかという点にあった。アメリカ政府は九一年一一月に、ボスニア・ヘルツェゴビナ連邦に対する軍事支援の一環として、戦車、戦闘用ヘリコプター、野砲など総額一億ドル相当の武器装備の引渡しを開始した。すでにこの時期から戦争準備を進めていたのだ。最大のNATO出撃基地は、イタリアのヴェネツィア北東に位置する人口八二〇〇人のアビアノ市にあり、ここからアドリア海を横ぎってユーゴへ出撃した。開戦後、ここでは軍人の数が住民の数を上回る九〇〇〇人に膨張したが、すでに九四年からアメリカとNATOが同市に五〇〇億円の基地援助をおこない、イタリア政府も周辺に年二億八〇〇〇万円の補助をおこなっていた。この事実は、九九年の空爆が以前から計画された攻撃であったことを示す。

現代のユーゴ紛争では、NATOの支持を受けたクロアチアからもイタリアからもアルバニアからもマケドニアからも、アメリカ製、イスラエル製、ドイツ製、南ア製、フランス製、中国製、ロシア製などの武器が大量にユーゴ全域に密輸されてきた。特にイギリスは、最大の軍需産業であるブリティッシュ・エアロスペース（現ＢＡＥシステムズ）の子会社が九一年にドイツの銃器メーカーであるヘックラー＆コッホを買収し、この兵器がボスニアとセルビアに輸出されてきた。かつてＮＡＴＯ事務総長ウィリー・クラースが軍需産業ダッソーから賄賂を受け取っていたように、九九年にユーゴ全土に攻撃をしかけたＮＡＴＯ軍の幹部たちは、アメリカ・ヨーロッパの軍需産業と深い関係を持っていた。夜空を焦がしたミサイルを製造した兵器工場の労働者であれば、誰でも知っていたように、軍需産業との密接なコネクションは、「ＮＡＴＯ軍」と「ユーゴ軍」いずれも同様であった。戦争と紛争があっても、そこで使用された武器と兵器のメーカー名を正確に伝えない報道は、ジャーナリズム最大の欠点である。

開戦後、九九年四月上旬におけるＮＡＴＯ出撃は、一夜に四〇〇〇回を超え、米軍だけで一日三〇〇〇万ドル以上（四〇億円）を要し、ＮＡＴＯ全体では一日六〇億円以上に達した。Ｂ２ステルス爆撃機はノースロップが八九年に初飛行に成功後、ノースロップ・グラマンが主契約会社となってボーイングが構造部分を製造して共同開発され、この時点で米軍は二一機、五兆三〇〇〇億円分を保有していた。ペンタゴンは、五兆円のＢ２ステルス爆撃機の実戦テストを、どこかの戦場でおこなう必要があった。一機二一億ドル（二五二〇億円）の爆撃機は、衛星で誘導される一トン爆弾一六個を搭載して、四月から二機が初めて戦闘に参加した。

高性能を誇るステルスが完璧だという神話は、この戦闘の最初に打ち砕かれた。三月二四日にNATOが空爆を開始して三日後の二七日、ユーゴがロッキード・マーティン製F117ステルス戦闘爆撃機を対空ミサイルで撃ち落としてしまったからである。見えないはずの戦闘機が、かくも簡単に機影をキャッチされたことは、ペンタゴンにとって大きなショックであった。しかも撃墜されたため、ユーゴがその機体の残骸をロシアに運び、高度なステルス設計機密はロシアの手に渡った。

軍需産業の重役室は、こうした状況では複雑な心境に陥る。他社製品をしのぐ圧倒的な性能を発揮して、次の年度におけるペンタゴン受注につなげる必要がある。しかし同時に戦闘が長引いて、適度に軍需製品が消費されなければならない。このふたつの条件は、戦場では相反する。他国を含めた他社より高性能の兵器は、戦闘を短期間に終らせてしまうからだ。しかし製造するメーカーが技術的にシェアを独占する状態にあれば、たとえ撃墜されても、改良のための追加予算を与えられる。

最も効率が良いのは、「相手を殲滅《せんめつ》するまで攻撃を続行しなければならない」という理論で社会的情緒を引き出すことである。イラクのサダム・フセインやユーゴのミロシェヴィッチに対するように相手の姿を悪魔的に描くことに成功すれば、アメリカ国民は、攻撃に快感を覚えるようになる。この心理はアメリカ人に限られることではなく、過去すべての国で使われた戦意高揚の鉄則である。軍事シンクタンクの外交関係評議会の刊行誌〝フォーリン・アフェアーズ〃が最も腐心するのは、この情緒的感情を社会に植えつけるまでメディアを誘導する作業である。ユーゴではそれが実り、「ミロシェヴィッチを徹底的に懲らしめるため」ミサイルや爆弾が一日少なくとも一〇〇発撃ち出された。そのうちマクドネル・ダグラス製あるいはゼネラル・ダイナミックス製の巡航ミサイル・トマホークは、この攻撃で一ヶ月に二〇〇発消費され、一発一〇〇万ドル前後、一〜二億円の価格だったので、三〇〇億円分の製品が迅速に工場から出荷された。ただし九二年にゼネラル・ダイナミックスのミサイル工場をヒューズが買収し、九七年にはレイセオンがヒューズ防衛部門を買収していたのである。クリントン政権のCIA長官退職後にレイセオン重役となったジョン・ドイッチと、六〇年代にNASA副長官をつとめたアポロ宇宙飛行センターのジョゼフ・シー副社長と共に、レイセオン社内はわき返った。

民主党大統領とアメリカの戦争

クリントンが総額六〇億ドル余り、七〇〇〇億円を超えるユーゴ戦費の追加を求める補正予算を連邦議会に送付した九九年四月一九日の翌日、全米を震撼《しんかん》させる事件が発生した。コロラド州デンヴァー近くのコロンバイン高校で、二人の高校生が銃を乱射して生徒ら一三人を殺害し、自殺したのである。テレビでクリントン大統領は、「気に入らないことがあったら暴力で解決しようとするのは間違いだ」と、恥知らずにも国民に呼びかけた。殺人犯のティーンエイジャーに銃を売った男は逮捕されたが、大人の戦場では、彼らに銃を売ったメーカーは逮捕されなかったではないか。

当時、フロリダ州ケープカナベラルからロッキード・マーティン製のタイタン4ロケットで打ち上げられた最新鋭の軍事用通信衛星ミルスター二機が軌道上にあって、巡航ミサイルに誘導データを送っていた……さらに連日の攻撃は一ヶ月以上続いた……終戦までにNATO軍が発射したミサイルと爆弾は二万三〇〇〇発、NATOの空軍総計一〇〇〇機のうち七割以上の七二〇機が米軍機となって、「全世界の米軍機はバルカンにある」と言われた。

NATOの軍事行動が誤りであったことは、数々の事実によって明らかにされてきた。クリントン大統領は、「何千という罪もないコソボの住民を、横暴な軍人の攻撃から守るために、われわれは行動するのだ」と語った。が、「本当のところ私たちは、NATO軍の爆弾とセルビア軍の反撃の両方にはさまれて、居る場所がなくなったので逃げ出したのです」とアルバニア系住民は語った。八〇万という膨大な数のアルバニア系住民に大混乱を招き、彼らが自宅から逃げ出して避難民となったのは、アメリカが主導するNATO軍の攻撃がはじまってから後のことである。攻撃前ではなかった。クリントンは「今世紀に二度も起こったヨーロッパでの大戦争を食い止めるために、われわれは手を打たなければならない」と、大規模空爆を正当化しようとしたが、それまで地域的なコソボ紛争であったものを、膨大な住民を巻き込む大戦闘に発展させたのは、アメリカの正副大統領であった。

九九年六月にNATO軍の攻撃が終了したあと現地に入ったアメリカ人ジャーナリストの報告では、セルビア人によるアルバニア系住民に対する民族浄化という話は誇張に満ちたもので、コソボについて世界中に伝えられた食べ物の欠乏などはなく、家畜も小麦もみな順調に育っていたのである。また、法医学の専門家や人権活動家が調査した結果でも、〝民族浄化〟の可能性がある死者は、NATOが主張していた一〇万人ではなく、最大で二〇〇〇人規模であり、根拠もなく誇張されていた。しかも人権活動家の調査と言われながら、ユーゴ爆撃でNATO軍を率いたアメリカ海軍長官リチャード・ダンツィグ本人が、国際人権法律グループ副会長だったのである。米軍は、ベトナム戦争で六八年三月一六日、わずか一日でソンミ村のベトナム農民五六七人を虐殺した自分の行為を思い起こすべきである。セルビア系とアルバニア系の住民が半ば戦闘状態にあった現地で、この死者は民族浄化ではなかった。国連は一方の被害だけをマスメディアに流し続けたが、セルビア人側にも、それに匹敵する被害の報告があったことをなぜ報じないのか。NATOによる攻撃中も、コソボ難民への援助物資を送るトラックなどに大量の武器と弾薬が隠されて密輸され、コソボ解放軍の兵士に渡ったことがイタリア警察の調べで判明した。西側で英雄扱いされたコソボ解放軍が、その武器を使ってテロと誘拐を頻繁におこない、アメリカの軍用機の後方支援を果たしていたのである。

NATO軍の爆撃による市民の死者は、アメリカ・ヨーロッパ側の人権活動家の調査によれば五〇〇人以上、セルビア側の主張では二〇〇〇人を超えた。NATO軍によれば「セルビア軍の戦車や軍用車輛などを七六九台破壊した」が、攻撃終了後の九月におけるアメリカ人ジャーナリストの調査では、破壊されたその種のものは、四六台しかなかった。最も重大な結果は、セルビア系とアルバニア系の対立が以前より深刻になり、NATOが両者に決定的な亀裂をもたらしたことである。

クリントン大統領、オルブライト国務長官、コーエン国防長官は、二〇〇五年までの膨大な軍事費を組んでホワイトハウスを去り、二一世紀になって共和党のブッシュJr政権が誕生した。ここで、共和党が軍事的で民主党はリベラルだという、報道界の誤った定義づけがしばしば誤解を生む。二〇世紀の四大戦争でアメリカが兵士を送り込んだのは、いずれも民主党の大統領時代であった。

第一次世界大戦　　ウィルソン大統領
第二次世界大戦　　F・ルーズヴェルト大統領
朝鮮戦争　　トルーマン大統領
ベトナム戦争　　ケネディー〜ジョンソン大統領

黒人の奴隷解放を実行したのは、共和党のリンカーン大統領であり、二〇世紀前半まで南部の奴隷支配を続けてきた主要勢力は、大半が民主党員であった。ジョン・F・ケネディーがマーティン・ルーサー・キング師の支援をとりつけて辛うじて大統領に当選し、弟のロバート・ケネディーが真剣に人種問題の解決に取り組んでから、初めて民主党が国内問題に限って変化したのである。開戦前後の軍事作戦は、CIAの作戦リーダーと、ペンタゴンの次官補クラスが戦略を描き、現場の決定権を握るので、大統領が民主党か共和党であるかによって大きな変化を受けることはあまりない。

アメリカの軍事的性格の特徴は、世界の警察官として他国の内政に干渉する論理にあり、これがアメリカの軍需産業を暴走させる要因である。ブッシュJr政権がどこへ進むかと、世界は注目してきた。ブッシュ大統領（父）が九〇年に打ち出した兵力削減計画を反故《ほご》にしたのは、カーター政権時代に国務省副次官として台頭した国防次官補ジョゼフ・ナイであり、クリントンがそれに従って九九年に兵力拡張政策へと舵を切り換えた。大統領候補だったゴア副大統領は、地域紛争や国連平和維持活動に米軍が積極的に関与すべきだと主張する危険人物で、沖縄の米軍基地の縮小を拒否し、ユーゴスラビア全土に空爆をかけたのも、〝リベラル〟なクリントン～ゴアであった。それに対して新大統領ブッシュJrは、大統領選挙中に沖縄の米軍基地を縮小すべきだと主張し、「米軍の派遣には慎重になるべきである。米軍は世界中の至るところにちょっかいを出しすぎている。アメリカが世界の警察官になることを、私は望まない」と発言した。大統領に当選直後には、「バルカン半島からアメリカの兵士を帰国させる」と明快な政策を打ち出した。不思議なことだが、これが事実だ。メディアによるタカ派とハト派の定義は、大統領の性格に関して間違いだらけであり、ほとんど意味を持たない。

ブッシュJr大統領の政策は、国外より、合衆国内でのミサイル防衛計画に全力を注ぐことにあった。彼の祖父プレスコット・ブッシュは、北部の裕福な家庭に育ち、エール大学を卒業後、マッカーサーらと共に第一次世界大戦でフランス前線に参戦した。のちニューヨークの投資銀行ハリマン社の社長令嬢と結婚し、同社の最高幹部となった。第二次世界大戦では戦時融資キャンペーン議長として活躍し、アイゼンハワーが大統領選で大勝した機に上院議員に当選してから、対ソ冷戦の軍事強化政策を推進するリーダーとなり、長距離ミサイルとポラリス潜水艦の開発を強力に支援したのである。人種差別や赤狩りには反対し、証券売買の自由化を達成するなど進歩的だったが、ことミサイル開発に関して、ブッシュ家は指導的立場を貫いてきた。孫ブッシュJr大統領はそれを継承しようと、国家ミサイル防衛計画に大きな予算をつけようとした。しかし彼には、それ以上に宇宙防衛開発を続けなければならない理由があった。

NASA有人宇宙飛行センターの広大なコントロールルームは、宇宙飛行の成功を祝ってどっと歓声をあげる光景が、過去たびたび映画やテレビに登場した。このセンターをヒューストンに持つテキサス州知事室から、ホワイトハウスの大統領執務室に入ったのが、ブッシュJrである。弟ジェブ・ブッシュは、NASAロケット発射基地（ケープカナベラルのケネディー宇宙センター）を持つフロリダ州知事であった。テキサス州とフロリダ州のミサイルビジネスは、兄弟にとって譲歩できない最大の雇用問題であり、ミサイルとNASAのストーリーを、論理的に整合させなければならなかった。ブッシュJr政権の国防長官にドナルド・ラムズフェルドが選ばれたのは、国家ミサイル防衛構想NMDプロジェクトのリーダーだったからだが、同時に、彼が軍事シンクタンクのランド・コーポレーション理事長として、軍需産業を動かしてきたことについては第2章で述べた。

大統領選挙がフロリダ州で混迷をきわめた二〇〇〇年一一月に、ラムズフェルドに代ってランド理事長をつとめていたのがポール・オニールで、翌月、オニールがブッシュJr政権の財務長官に選ばれた。オニールはアルコア会長だったという民間企業での業績が強調され、アルコアの社外重役だった連邦準備制度理事会議長（中央銀行総裁）アラン・グリーンスパンの顧問役だったと紹介されたが、それだけが理由ではない。この人選は、「ランドの最高幹部二人が、ブッシュJrの最重要閣僚ポストをとった」という点に鍵があった。ランドでは、カーライル・グループ会長のカールッチ元国防長官が、オニールと共に仕事をしてきたからである。ステルス戦闘機の開発をリードするノースロップ・グラマンと一体化したカーライルであり、CIAの工作部隊の巣窟がそこにあった。

もうひとつの重要ポスト国務長官に就任したコリン・パウェルは、統合参謀本部議長時代、イラクの湾岸危機がベトナム戦争のような泥沼に入ることを避けようとし、「開戦には慎重になるべきだ」と主張した。そのため軍部から弱気を批判されたパウェルは、「アメリカは、同時に地球上の二ヶ所で大規模な紛争や戦争が発生した場合にも対処し得る戦闘能力を持たなければならない」というペンタゴン・レポートに忠実に従い、国防費の拡大を主張するようになった。もし彼が黒人でなく、白人であれば、湾岸戦争の歯止めになった可能性はある。このペンタゴン・レポートは、「第二次世界大戦後、同時に地球上の二ヶ所で大規模な紛争や戦争が発生してアメリカがそれに巻き込まれたことは一度もない」と軍事専門家から批判を受けていた。大規模な紛争や戦争には、すべてアメリカが参戦したので、同時発生は起こらなかったからである。パウェル、オニール、ラムズフェルド、この三人と一緒に仕事をした人物、それが閣僚人事を決定した実力者ディック・チェニーであった。彼は国防長官を退任後、テキサスの石油会社ハリバートンの会長となり、そこから副大統領への道を歩んだ。二〇世紀は、石油の世紀であり、紛争の大半は石油から起こったものである。

ブッシュJr政権の運輸長官に日系のノーマン・ミネタが就任したことは、これらと無関係ではなかった。運輸長官は、航空機を管轄する大臣である。ミネタはクリントン政権最後の商務長官だったが、それより重要なキャリアはカリフォルニア州選出の下院議員であり、カリフォルニア州に本社を構えていたロッキードとの密接な関係から、ロッキード・マーティン副社長をつとめてきたことにあった。第二次世界大戦中の四二年には、日系アメリカ人という理由からワイオミング州の収容キャンプに送りこまれた苦い体験があり、戦後は五三～五六年にかけてアメリカ陸軍の情報部員として朝鮮と日本を調査する任務を与えられた。その経験から、米軍の信頼を得てこのポストまでのぼりつめた人物だ。

戦争の黒幕として動いた石油産業

軍需産業と石油の結びつきを見てみよう。アメリカで最初のジェット戦闘機を完成したのは、後年ヘリコプターで名を成すベル・エアクラフト（のちのベル・エアロスペース）であった。創業者のローレンス・ベルは、グレン・マーティンやドナルド・ダグラスのもとで働いたのち独立し、数々の戦闘機を開発したが、第二次世界大戦の四一年から開発した極秘のジェット戦闘機が、XP59エアラコメットであった。しかしこれは充分な性能を発揮できず、戦後六〇年に繊維会社テクストロンがベルを買収した。

ベル社のUH－1型ヘリコプターはベトナム戦争で大々的に使用され、映画『地獄の黙示録』ではこれらのヘリコプターが主役となったが、六八年からテクストロン社長に就任したG・ウィリアム・ミラーは、石油とガスに事業を広げ、七七年のカーター政権時代に連邦準備制度理事会議長となり、続いて財務長官に就任した。こうしてホワイトハウスを掌握したテクストロンは、国策としての石油利権からイランのパーレヴィ国王に取り入ることに成功し、ベル・ヘリコプターを大量に販売する契約にこぎつけた。ところがその八億七五〇〇万ドルという莫大な額の契約が、七九年のイラン革命によって消失した。これまでしばしば登場したCIAによるイランのアメリカ大使館員救出作戦は、このミラー財務長官がカーター大統領を動かし、ベル・ヘリコプターと石油産業の連携プレーによって強行されたものであった。

スタンダード石油の広告に登場したXB70

テクストロンは八四年にAVCO《アヴコ》の買収に成功したが、AVCOは三〇年代からボーイング・グループとして航空業界の一角を占めていたAviation Corporation of the Americasを略した社名で、鉄道王アヴェレル・ハリマンが支配したグループであった。後年アヴコから生まれたのが、パンナムとアメリカン航空の二大航空会社である。ベルのライバルヘリコプターは、ボーイングのヘリコプター・ヴァートルと、シコルスキーだったが、レーガン時代にシコルスキーと共同で垂直離着陸航空機VTOLを開発して最強のコンビとなり、実戦の軍人部隊を引っ張るようになった。

このベルの歴史に代表されるように、莫大な資金をCIA工作員に提供し、ホワイトハウスと中央銀行と財務省ぐるみでアメリカの軍需産業を裏で操ってきたのは、石油メジャーであった。表2の人名リストに石油メジャーと軍需産業のコネクションを持つ代表的人物を示す。この表には、軍需産業の人物だけを示すが、ブッシュJr政権で軍事外交を扱う国家安全保障担当大統領補佐官に任命され、黒人女性として注目されたコンドリーザ・ライスは、シェヴロン重役として表2の何人かと深い関係にあった。ライスの中国政策は、アメリカの強大な軍事力をアジアにも積極的に使用しようとするもので、きわめて危険である。台湾を軍事力で併合しようとする中国の考え方も危険であり、米中いずれも他人が生活しているところへ武力紛争を持ち込もうとする点で、アジア全土にとってはなはだしく迷惑な行為だ。明らかに時代錯誤である。この動きは、アメリカから台湾への軍用機の輸出を増加する軍需効果しかない。

表2に四人もの幹部が登場するTRW（旧Thompson Ramo Woolridge Inc.）は、大手自動車部品メーカーだが、八八年にはペンタゴンの機密文書を不正に入手しようとして摘発されたことがある。宇宙・防衛・情報システムのシステム・エンジニアリング企業として八九年には

◆表2　石油メジャーと軍需産業のコネクション

人名	石油事業の履歴	軍需産業の履歴
Anderson, Roy Arnold	ARCOシステムズ重役	ロッキード会長
Augustine, Norman Ralph	フィリップス石油重役	ロッキード・マーティン社長
Barger, Thomas Charles	アラムコ会長	ノースロップ重役
Davies, Paul Lewis Jr.	シェヴロン重役	FMC重役（父が会長）
Gross, Courtlandt S.	ARCO重役	ロッキード会長
Hartley, Fred Lloyd	ユニオン石油会長	ロックウェル・インターナショナル重役
Hellman, Peter Stuart	スタンダード石油オハイオ重役	TRW社長
Hennesy, Edward L. Jr.	ユニオンテキサス石油重役	マーティン・マリエッタ重役
Hills, Carla A.通商代表	ソーカル重役	ランド・コーポレーション重役
Kieschnick, William F.	ARCO社長	TRW重役
Morrow, Richard Martin	AMOCO会長	ウェスティングハウス重役
Murray, Allen Edward	モービル会長	ロッキード・マーティン重役
Nickerson, Albert L.	ソコニー・ヴァキューム会長	レイセオン重役
Packard, David国防副長官	ソーカル重役	ボーイング重役
Pigott, Charles McGee	シェヴロン重役	ボーイング重役
Shepard, Horace Armor	スタンダード石油オハイオ重役	TRW会長
Slaughter, John Brooks	ARCO重役	ノースロップ・グラマン重役
Spahr, Charles E.	スタンダード石油オハイオ会長	TRW重役
Stegemeier, Richard J.	ハリバートン重役	ノースロップ・グラマン重役
Trowbridge, Alexander B. Jr. 商務長官	エッソ・スタンダード石油社長	アライドケミカル副会長
Weyerhaeuser, George H.	ソーカル重役	ボーイング重役
Wharton, Clifton R. Jr.	ロックフェラー財団理事長	テネコ重役

ARCO＝アトランティック・リッチフィールド　AMOCO＝スタンダード石油インディアナ
スタンダード石油カリフォルニア＝ソーカル＝シェヴロン
スタンダード石油ニューヨーク＝ソコニー・ヴァキューム＝モービル

ペンタゴンとＮＡＳＡの受注が売上げの四〇パーセントを占め、九八年のペンタゴン受注ベストテンに入る軍需産業として台頭してきた。本業の軍需用トラックのほか、国家ミサイル防衛構想ＮＭＤの開発では、レイセオンと共にミサイルを空中で識別してキャッチする機器を製造し、軍用の衛星通信と戦場データ処理システムを売り物にしてきた。創業者のサイモン・ラモとディーン・ウールドリッジ（なぜか社名のウールリッジと一字違いのWooldridge）の両人とも、ヒューズ航空機副社長を歴任してきた。そのヒューズがＧＭに買収され、レイセオンがヒューズ防衛部門を買収した結果、ヒューズが軍需産業から脱皮し、ＧＭと同じ自動車業界のＴＲＷがヒューズの事業を受け継ぐことになった。したがってアメリカ第三位の軍需産業として台頭したレイセオン・グループの一角を占めたのがＴＲＷである。この巨大なミサイル利権については第6章にくわしく述べる。

第三のグループ・レイセオンとはどのような企業であろうか。

アメリカ第三の軍需産業グループとして台頭したレイセオン

これまで登場した軍需産業は、いずれも航空機のパイオニアだったが、レイセオンだけは真空管のメーカーから出発した会社で、分野としてはＧＥやウェスティングハウスのライバルの立場にあった。電子レンジから冷蔵庫まで手がけてきたレイセオンが、その家電部門を九七年に売却すると、いまやペンタゴンを最大の顧客とし、軍事用レーダーシステムによって、宇宙ミサイル時代の先頭を走る集団として台頭してきたのである。

レイセオンを成長させたのは、日本の真珠湾攻撃であった。この奇襲に苦い経験を味わったアメリカ海軍は、敵を発見するレーダー装置を再認識し、レイセオンの製造工場に莫大な資金をつぎ込んだ。経営者のチャールズ・フランシス・アダムズ四世が、戦後の四八〜七五年の二八年間も社長・会長として君臨し、レーガン政権の八〇年代に入っても院政をしいてきた。彼はアメリカ北部マサチュセッツ州最古の財閥アダムズ家で、アメリカ建国の導火線となった一七七三年のボストン茶会事件の主導者サミュエル・アダムズの一族、すなわち第二代大統領ジョン・アダムズおよび第六代大統領ジョン・クインシー・アダムズの直系子孫であった。戦後は投資銀行ペイン・ウェバーの幹部をつとめ、姉キャサリンが金融王J・P・モルガンの孫ヘンリー・スタージス・モルガンと結婚して、大統領より力を持つウォール街の王様ファミリーであった。第一次・二次世界大戦に巨大資金を提供してアメリカを勝利に導いたのがモルガン商会であるから、レイセオンに国防総省が肩入れをしない道理はなかった。

マサチュセッツ州レキシントンに本拠を構えるレイセオンは、同州ボストン財閥のケネディー家にとっても投資面で重要な存在であり、工場をホワイトハウスが強力に支援して、レイセオンがスパロー、ホーク、SAM、パトリオット、サイドワインダーといったミサイル群を生み出すことになった。アダムズがレイセオンを支配した絶頂期はベトナム戦争にあたっていた。このとき彼の閨閥にあったボストンのヘンリー・キャボット・ロッジは、ケネディーのライバルだったが、六三年から六七年にかけて二度、南ベトナム大使をつとめて指揮をとり、現地で米軍の攻撃を煽りたてた。

二〇世紀末からレイセオンが最も力を入れたのが、中距離空対空ミサイルAMRAAM《アムラーム》：Advanced Medium-Range Air-to-Air-Missile である。このミサイルは、いかなる天候でも高性能レーダー誘導システムによって超音速で相手を撃墜できるという。装備可能な軍用機はF14、F15、F16、FA18、イギリスのシーハリヤーなど多数におよび、ロッキード・マーティンのステルスF22とヨーロッパのユーロファイターにこれを組み込む技術開発に取り組んできた。八八年三月に生産を開始して以来、すでにアメリカ国内のほか、サウジアラビア、ギリシャ、韓国、大半のNATO諸国など一六ヶ国に一万基以上を販売し、一基四〇万ドル近い値段で、合計四〇〇〇億円を超える売上げを誇ってきた。中東でこのミサイル販売に力を入れてきた死の商人のセールスウーマンが、クリントン政権の国務長官オルブライトであった。

統合参謀本部副議長ジェレミアが重役となったスタンダード・ミサイルが、レイセオンの子会社となり、イージス艦のレーダーシステムとこれらのミサイルを組み合わせて、日本は上得意客となってきた。地対空ミサイル・パトリオットは湾岸戦争で有名になったが、これもレイセオンが世界のメーカーを圧倒して輸出シェアトップに立ってきた。

九三年にはゼネラル・ダイナミックスの遠隔制御技術を買い取り、九七年には、半導体大手のテキサス・インストゥルメンツの防衛部門を買収することに成功し、その直後にGMから傘下のヒューズ・エレクトロニクス防衛部門を買収するという、すさまじい勢いで全米第三位の防衛産業にのしあがったのである。従業員は一二万七〇〇〇人にふくれあがり、巨大企業となった。

その基幹細胞となったヒューズ・エレクトロニクスの創業者は、奇人・変人としてハリウッドとラスヴェガスに伝説を残した大富豪ハワード・ヒューズであった。テキサス生まれのヒューズは、一八歳で父の莫大な遺産を受け取り、ハリウッドに移り住むと、一九三〇年にはプロデューサーと監督を兼ねて『地獄の天使』を製作してセックス・シンボルのジーン・ハーローを世に送り出した。その後のハリウッド伝説は、映画『大いなる野望』に描かれたようにつきないが、同時に彼は三二年から飛行機に夢中になった。三四年に全米アマチュア飛行大会で優勝し、ヒューズ航空機を設立したのを皮切りに、翌三五年に自ら設計・操縦したH1型機で時速五六七キロメートルの世界新記録を樹立して全米の人気者になると、三六年には、ノースロップ機で単身大陸横断無着陸飛行に成功し、トランスワールド航空《TWA》を買収して事業を拡張した。三八年には世界一周飛行時間を半分に短縮する三日一九時間の記録を打ち立て、この時期から政府の軍需製品を受注するようになったのである。

戦後は、四八年からヒューズ航空機のエレクトロニクス部門を設立してミサイル開発に乗り出し、莫大な収入を手にすると、ラスヴェガスで土地からカジノ、テレビ局、飛行場まで買い占めた大富豪ヒューズの資産は六七年当時で一兆円近くに達したというから、とてつもない額であった。ヒューズは七六年に彼らしく、テキサス州ヒューストンに向かう機内で死亡する最期を遂げたが、会社は八五年にGMに買収され、ヒューズ・エレクトロニクスが設立されると、さらに巨大な資本を得て人工衛星分野で急成長した。

九二年には、窮地のゼネラル・ダイナミックスからミサイル部門を買収し、ヒューズ・エレクトロニクスが国家ミサイル防衛プロジェクトの要となるかにみえた。が、九七年にヒューズが防衛部門をレイセオンに売却したのだ。先ほど説明したレイセオンの目玉商品である空対空ミサイルAMRAAMは、ヒューズから手に入れた兵器だったのである。ヒューズはほかにも、マーヴェリック・ミサイル、フェニックス・ミサイル、M1型戦車と魚雷の分野でも傑出した殺傷能力のある兵器をかかえて、レイセオンに乗り込んできた。

新生レイセオンの女性重役バーバラ・バレットは、国防総省で九二年にチェニー国防長官から顕彰されたことのある腕利きだが、彼女の夫はコンピューター・チップの支配者インテル副社長クレーグ・バレットであった。エレクトロニクスの開発でアメリカ研究界のリーダーを自任するルーセント・テクノロジーズの社長ウィリアム・スパイヴィーも、この夫妻と組むレイセオン重役となった。またクリントン政権の国防副長官からCIA長官になったジョン・ドイッチが、退職後にレイセオン重役となり、しかも機密資料を個人的に利用していたことが発覚したことはすでに述べたが、これら四人のあいだで、どのような資料が取引きされたのか。

レイセオンが、ゼネラル・ダイナミックスのミサイル部門を買収したヒューズと、スタンダード・ミサイルと、テキサス・インストゥルメンツから「ミサイル・宇宙エレクトロニクス技術」をごっそり獲得した目的は、国家ミサイル防衛プロジェクトの巨大な予算にあった。そのため新生レイセオンの重役室には、六〇年代にNASAの副長官をつとめてアポロ宇宙飛行センターのマネージャーだったジョゼフ・シーが副社長として迎えられた。

この社内を見れば、レイセオンはただものではないが、さきほどの表2には、レイセオンとそのパートナーTRWが、石油メジャーと密接な結びつきを持っていたことが示されている。そして経済成長を続けてきたアジアでは、別の石油問題が起こった。

インドネシアへの兵器輸出とティモール・ギャップの石油利権

マレーシアは石油や天然ガスの収入が大きな比重を占め、その金がマクドネル・ダグラス～ノースロップで製造される膨大な数のFA18攻撃機に姿を変えると言われていた。ところがマレーシア政府が、アメリカより四割も値引きしたロシアのミグ29Rに変更する方針転換を打ち出すと、クリントンとオルブライト国務長官はマハティール首相に対して露骨な攻撃的態度を取りはじめた。

二〇世紀の戦争を動かしたのが石油であれば、その問題を二一世紀に持ち越したのが、インドネシアからのティモールの独立紛争であった。九七年以来のアジアの金融崩壊が続いたあと、九八年五月にスハルト独裁体制が崩壊し、政権交代という劇的な変化をもたらしたが、ティモール独立の背後には仕組まれた罠があった。動乱一年後の九九年五月から、インドネシアでは自由選挙がおこなわれ、九月一日に主要政党の顔ぶれが決定した。

主要五政党のうち、東ティモールの独立を認めなかったのは、第一党の闘争民主党だけであった。そのメガワティ党首は、東ティモールの独立を認めないと主張したため、欧米に偏向した「人権外交」の国際社会から強く批判されたが、彼女と支持者が望んだのは、東ティモールの独裁的支配ではなかった。過去に東ティモールの独裁的支配をおこなってきたのは、逆に欧米の石油メジャーの傀儡《かいらい》政権だった与党ゴルカルと国軍のスハルト体制である。それを知るメガワティは、東ティモールをインドネシアから切り離して、欧米の利権者が「新たに独立した小国・東ティモール」に群がる未来を望まなかった。

メガワティの父は、インドネシア独立の父スカルノ大統領であった。背後に欧米の情報工作機関が動くなか、スカルノは失脚し、スハルト体制に移行した。九九年総選挙は、欧米支配体制を再度ひっくり返し、四四年前の気運を再来させる出来事であった。しかし欧米が、黙ってこれを見過ごすはずはなかった。インドネシアは石油と天然ガスの宝庫だからである。オーストラリアとティモール島のあいだにあるティモール・ギャップ海域には、石油と天然ガスが埋蔵量数十億バレルあると推定され、オーストラリアのBHP（ブロークン・ヒル・プロプライエタリー）、モービル、ロイヤル・ダッチ・シェルのメジャーが七〇年代から探査をおこなってきた。

七五年七月、ポルトガル本国で政変が起こると、これに乗じて、ポルトガル領の東ティモールで独立運動が高まり、八月一一日にクーデターが発生して、欧米の石油利権が消失する寸前まで事態が進んだ。そこで現地は、欧米の石油企業による代理戦争に様相を一変し、内戦に突入していった。一二月七日にはインドネシア軍が介入し、首都ディリを占領して臨時政府を樹立すると、インドネシアによって東ティモールが併合されたのである。

しかしこのインドネシア軍の東ティモール侵入二日前に、首都ジャカルタでスハルトと会っていたのは、アメリカのフォード大統領とキッシンジャー国務長官であった。彼ら二人は、スハルトに対して東ティモール侵入にゴーサインを出し、同時にアメリカからインドネシアへの兵器輸出の約束をとりつけた。しかもその購入資金は、ＩＭＦやアメリカ輸出入銀行など欧米の金融機関やペンタゴンからの援助によって、アメリカに還流するよう仕組まれ、インドネシア財閥のサリム・グループやリッポ・グループらがアメリカ軍需産業の代理人となっていた。

バハルッディン・ハビビが当時その主役をつとめた。のちにスハルト失脚後、大統領に就任した人物である。彼は西ドイツ時代のメッサーシュミットで育てられ、副社長に出世して、同社が提携したボーイングとも関係を持っていた。そのためインドネシアに帰国すると、七六年から大臣として大幅な軍備拡張を推進し、反乱軍鎮圧用の航空機ロックウェル・インターナショナルOV10、ロッキードの大型輸送機C130、GMの軍用車などを続々とアメリカから輸入した。それに乗じてアメリカ軍需産業は、ライフルなどの小火器やヘリコプター、大砲に至るまであらゆる種類の武器を送りこみ、やがてハビビはインドネシアに国産飛行機工場を建設するまでに勢力を拡大した。さらにカーター政権になると、副大統領モンデールが攻撃機スカイホークA4を提供する交渉にあたり、フォード時代の四倍以上という膨大な兵器貿易をおこなうようになった。特に東ティモールで住民殺戮に効果的だったのは、ベル社の軍用ヘリコプターであった。

カーターがインドネシアに深入りした動機は、イランと同様、ベルの親会社テクストロン社長から財務長官に転じたミラーの差し金にあった。アメリカの企業最高幹部は、退任後に事業に口を出さないが、その会社の株券と債券を大量に保有し、株価が私生活の財産を保証する関係にある。レーガン政権になっても、インドネシアに対する兵器輸出はほぼ同じ規模で続いたが、八六年になって突然それまでの五〇〇〇万ドル規模とは桁違いの三億ドルを超える兵器がインドネシアに流入した。フィリピンの独裁者マルコスが失脚したアジア動乱の危機を狙って、ゼネラル・ダイナミックスの戦闘機F16が初めて一二機売却されたからである。以後、ブッシュ政権で少し落ちたが、クリントン大統領が再び大幅な武器輸出に踏み切ろうとした矢先、インドネシアに政変が起こって、ホワイトハウスは沈黙を保たざるを得なくなった。

この経過が物語る通り、欧米が意図したのは、スハルト体制によるインドネシア軍の利用であった。その負担は、インドネシアにとって重かった。一八世紀にはじまったコーヒー栽培で、ひとり当たりの生産額が年間四〇〇ドルにしかならない東ティモールに大金をつぎ込まされたのは、独裁者スハルトであった。

ところがこれら欧米の利権者は、九八年五月以来、掌を返したように、東ティモールの独立を支援する側に転向した。飼い馴らしてきたスハルト体制が崩壊し、インドネシア国民が独り歩きしはじめたからである。九九年八月三〇日には、国連管理下で東ティモールの住民投票が実施され、欧米の宣伝工作が功を奏して投票率九八・六パーセントのなか、独立賛成派が圧倒的な勝利を収めた。突然寝返った欧米に不満を抱くインドネシア国軍は、ブリティッシュ・エアロスペース製の攻撃機ホークを使って、東ティモール独立賛成派を威嚇した。このホークはイギリスのメジャー政権が九六年にインドネシア向けに一六機の売却を許可し、九九年四月にブレア政権が二機納入したものであった。

さらにインドネシア系住民による東ティモール独立派への弾圧が横行しはじめるのを待って、人権外交を看板に掲げる欧米は、九九年九月に国連の主導という形で東ティモールへの国際部隊の投入に踏み切った。その司令権を握ったのは、アメリカから膨大な額にのぼる兵器を輸入してきた隣国オーストラリアであった。ところが九九年九月一四〜一七日にかけて、イギリスで過去最大規模の国際兵器見本市が開催され、五〇ヶ国六〇〇社以上の軍需産業が出展するなか、この兵器ショーに、東ティモール問題で国際的に批判されていたインドネシア政府が招待され、イギリスの二枚舌が大きな問題となった。

欧米のメディアに踊らされた市民運動家と国際世論は、背後の事情も知らずに、独立を求める東ティモール住民の味方についたが、東ティモールの住民感情を巧みにコントロールしてきたのは誰だったのか。

オーストラリアはその一〇年前の八九年一二月に、インドネシアと石油・天然ガスの共同開発プロジェクトに正式調印していた。その調印こそ、当時インドネシアが完全に制圧していた東ティモールと、オーストラリア北部のあいだに位置するティモール海でのプロジェクトに関するものであった。その海域には、推定一〇億バレルの原油が埋蔵されていると見られたが、共同開発計画は難航し、一〇年の歳月をかけた交渉の末に実ったものであった。しかも正式調印がなされても、まだインドネシアとオーストラリアの領海の線引きは確定しなかった。その後、原油と天然ガスの推定埋蔵量は数十億バレルにふくらみ、オーストラリアは一応の領海の線引きをおこなったが、何としてもインドネシアから東ティモールを独立させようと、時期を狙ってきた。独立させることによって、小国を相手に、原油の利権を自由に獲得できるようになるからである。

東ティモール住民を弾圧するインドネシア国軍を非難するのは容易である。オイル・メジャーの罠にはまったのは、国際世論であった。

第5章　ＣＩＡとＦＢＩと諜報組織の成り立ち

ＣＩＡの徽章

ＦＢＩの徽章

スパイ・エージェントNo.72フランクリンとFBIフーヴァー長官

ここまで登場した軍需産業を支える最大の組織が諜報機関であることは、誰もが承知している。とりわけアメリカには強力な諜報機関が存在し、工作員が世界中に配置されている。ところがそのアメリカのスパイの元祖は、雷が鳴るなかで凧をあげ、雷電が電気であることを実証したあの有名なベンジャミン・フランクリンだと言われてきた。さまざまな歴史的文書の調査結果では、フランクリンは一時イギリスの諜報エージェントとして活動し、時にはジャクソン、時にはジョンソン、ニコルソン、またある時にはワトソンなどの名前で署名したことが判明していた。アメリカからフランスに大使として派遣された時には、イギリスが彼のことを〝エージェントNo.72〟と呼んでいたのである。では彼は一体何をスパイしたのか。

フランクリンは独立宣言の草案をつくり、アメリカをイギリスから独立に導いた男である。あたかも二〇〇〇年前のキリスト教徒が、ローマの暴君ネロの目を逃れて集会を持ったように、イギリス・バッキンガムシャーの教会の地下にもうけられた洞窟で、フランクリンはヘル・ファイヤ・クラブ（地獄の業火倶楽部）という奇怪な秘密組織のメンバーとして活動していた。彼らは秘密結社クー《K》・クラックス《K》・クラン《K》のように白いマスクをつけ、互いに顔が分らないようにして集会を持った。この会の設立者は大蔵大臣のフランシス・ダッシュウッド卿で、会員には、当時の上流階級のサンドウィッチ卿から首相までそろっていた。事実上、この秘密結社がイギリスのシークレットサービスだったのである。

イギリスとフランスが犬猿の仲にあったため、フランスから信用されていたフランクリンは、手に入れたフランスの情報をイギリスに渡していた。ところがフランクリンは、そこで得た情報をアメリカにも送って、裏では、独立戦争でアメリカが有利になるよう工作していたのだ。しかし彼がすぐれていたのは、この秘密組織に加入することによって、最終的にはアメリカの独立を認めさせるようイギリス人との友好関係を築き、見事最後にその目的を果たした知恵である。最高度の哲学を持った「二重スパイ外交官」、それがベンジャミン・フランクリンであった。一方彼は、このやり方には重大な欠陥があることにも気づいていた。フランクリンがイギリスに与えた情報によって、戦争中にアメリカの商船が被害を受けたこともあったからである。

００７ジェームズ・ボンドの先人たるスパイにふさわしく、女性関係も多彩であった。彼の隠し子ウィリアムがニュージャージー州知事に就任したり、奴隷制廃止論者として活動したルイス・タッパンの大伯父がフランクリンであったり、膨大な数の親類縁者がアメリカを動かしてきた。初代郵政長官ベーチェ、財務長官ダラス、副大統領ダラス、財務長官ウォーカーなどが、みな近親者であった。二〇世紀に入ると、ボルティモア鉄道社長ウォルター・フランクリンを筆頭に、ルーズヴェルト汽船副社長ジョン・フランクリン、富豪ヴァンダービルト、ブラウン・ブラザース・ハリマン幹部、真珠湾攻撃の時の日本大使ジョゼフ・グリュー、さらに現代では、『シェーン』のジョージ・スティーヴンズ監督、石油王ポール・メロンらもフランクリンの閨閥から登場する。

このフランクリンが諜報活動をおこなったおかげで今日のアメリカがある、と情報の重要性を宣伝に利用するのがアメリカ中央情報局CIAである。だが彼らがその名に使った「情報」は、IT革命の情報ではなかった。ITはinformation technologyの略なので、ただのごとを伝達する技術である。CIAはCentral Intelligence Agencyの略であるから、知恵を意味する中央参謀本部だと彼らは位置づけた。

アメリカのスパイ活動の歴史は、建国当初から、ワシントン、ジェファーソン、フランクリンたちが、スパイ活動を重視した時にはじまった。さらに南北戦争では、北軍の雇った私立探偵アラン・ピンカートンがリンカーン暗殺計画を事前にキャッチして情報屋として高く評価され、一八六一年にリンカーンの要請で連邦シークレットサービスをヴァージニア州に設立した。これが、国としての組織的な諜報活動のスタートであった。ところがピンカートン探偵社の大物エージェントが南軍に捕らえられて縛り首となり、南軍のスパイ、美女ベル・ボイドのほうが活躍して、戦争中のピンカートンは軍事的な成果をあげることができず、戦争終了後はKK

Kとの闘いで活躍するようになった。ピンカートン自身は、昔から奴隷制廃止論者として活動していたからである。

しかし北軍の奴隷廃止論の根拠は、今日考えられるような人種差別撤廃という博愛的なものではなかった。南部では、綿花などを生産する農業州が黒人労働者を大量に使っていたのに対して、北部は機械、鉄、石炭を生産する工業地帯を多く持ち、工場では低賃金の白人労働者を柱にして操業を続けてきた。その白人労働者が賃上げを要求するので、資本家たちは南部の黒人奴隷を解放すればもっと安い賃金労働者を生み出し、失業をおそれる白人労働者も黙らせることができると考えたのだ。リンカーン自身も、南北戦争に突入してようやく一年半後、南部の黒人を味方につければ戦争に勝てるという半ば功利的な目的で、一八六二年九月になってから奴隷解放宣言を出したのだ。その後のピンカートン・ナショナル探偵社は、主に鉄道会社から大きな出資を受けて強盗被害を防止するビジネスを依頼され、アメリカだけでなく、『シャーロック・ホームズ』の作者コナン・ドイルからも高い評価を受けるほど、世界にその名を知られるようになった。私立探偵ではなく、アメリカの国家警察、それが二〇世紀初頭までのピンカートン社であった。

出資者には、一九世紀の鉄道で暴利をむさぼる実業家が多数いた。その依頼人からは優秀だと評判をとったが、市民の秘密を暴くのに悪辣な手段をとり続けたため、この探偵社はおそろしいスパイ組織とみなされ、嫌悪されるようになった。特に一八九二年、ペンシルヴァニア州に起こったホームステッド争議で、その悪名は全米に轟《とどろ》いた。苛酷な労働と安い賃金に耐えかねたカーネギー製鉄のホームステッド工場の労働者たちが決起してストライキに入り、全米を揺るがす争議に至った時、のちにカーネギー製鉄会長となるヘンリー・フリックがピンカートン探偵社の私立探偵を雇ったのである。ピケを解散させるよう命じられた男たちは武器を持ち、ついに死者一〇人を出す大事件となった。この事件があってから、鉄鋼業界では一九三七年まで半世紀近く、労働組合を組織することが禁じられたのである。

一方、海軍と陸軍に公式の情報機関が設立されたのは一八八〇年代で、彼らがヨーロッパ各国に表向き外交官として配置され、九八年に開戦したスペインとの戦争で、この外交アタッシェがスパイに転じて活躍して以来、外交官の顔を持つ諜報機関がアメリカ軍隊の柱となった。第一次世界大戦では、アメリカが参戦するまで外国に対する情報収集作業は縮小されたが、やがて陸軍内部に恒久的な通信情報局が設置された。

また一九〇八年にはセオドア・ルーズヴェルト大統領の命令で司法省に捜査局 Bureau of Investigation が設立され、のちに彼らが第一次世界大戦でドイツのスパイ活動をつぶすために活躍した。これが軍部の情報局と合流して、CIAと並ぶ現代のアメリカ最高位のブレーン国家安全保障会議《NSC》へと発展するのである。大戦後の時代に捜査局長に選ばれたのはウィリアム・J・バーンズであった。かつてピンカートンがつくったシークレットサービスに所属した彼は、私立探偵のボスとなり、全米銀行協会に加盟する一万二〇〇〇の銀行を警護するウィリアム・J・バーンズ探偵社の社長として全米に探偵を配置し、ピンカートン最強のライバルとなった。この男が、二一年に私立探偵から転じて国家の捜査局長に就任したのだ。バーンズは自分の右腕に、司法長官の特別補佐官をつとめる弱冠二六歳のJ・エドガー・フーヴァーという男を採用した。七二年に死ぬまで四八年間、半世紀にわたってFBI長官として君臨し、大統領を自在に操る男が、こうして世に出た。

これとは別に、二〇年代の禁酒法違反者を取り締まる有名な〝アンタッチャブル〟と呼ばれるエリオット・ネスの別働組織があり、こちらは財務省に属してシカゴの暗黒街の帝王アル・カポネと戦い、密売シンジケート撲滅に大きな成果をあげていた。そのため、司法省の捜査局はほとんど出る幕がなかった。それぞれが独自の活動を展開したのである。

しかし蛇の道は蛇。ハリウッド映画に描かれた正義の組織は一面にすぎなかった。私立探偵社と、軍隊の諜報機関と、司法省の捜査官と、財務省の調査官は、陰湿な個人調査をすることでは一致していたので、ギャング並みの暴力をふるって武器を扱い、エージェントは相互に交流し、ホワイトハウスから市長、警察官、裁判官まで賄賂にまみれた時代には、内部の腐敗が最大の問題であった。

それが大きく変貌したのは、二四年にフーヴァーが司法省捜査局長に昇進し、獰猛な組織が誕生してからであった。ギャングの横行に対して、〝アンタッチャブル〟への競争心に燃えたフーヴァーは部員を強化していった。ところが二四年、前年に急死したハーディング大統領の時代にホワイトハウスの閣僚が石油会社から巨額の賄賂を得ていたことが暴露され、ティーポット・ドーム事件として政界を揺るがす大スキャンダルが起こった。フーヴァーの上司だった捜査局長バーンズ当人が、石油生産者のハリー・シンクレアを顧客として、ハーディング内閣の腐敗を放置した張本人だったことが露顕し、二七年には裁判にかけられたのである。三四年に銀行ギャングの大物ジョン・ディリンジャーを射殺して勇名を馳せた捜査局は、翌三五年にさまざまな組織と部局を統合してＦＢＩ（連邦捜査局）Federal Bureau of Investigation となり、フーヴァーが初代ＦＢＩ長官に就任し、強大な組織に生まれ変った。これを創設した大統領は、捜査局設立者セオドア・ルーズヴェルトの姪エレノアと同族結婚したフランクリン・D・ルーズヴェルト大統領だったから、二人のルーズヴェルトがアメリカ諜報機関の生みの親であった。

ＦＢＩの活動は、銀行強盗、売春、酒の密売、麻薬などを取り締まることであるかのように世間の目に映ったが、それは警察活動の範囲にすぎず、〝諜報機関としてのＦＢＩ〟の一貫した本当の目的は、別のところにあった。フーヴァーの上司だった司法長官ミッチェル・パーマーが命じた「無政府主義者と共産主義者の摘発」である。そのためにフーヴァーが生み出した手法は、徹底的なファイルの作成にあり、この記録が、アメリカ諜報機関を世界のトップに君臨する恐怖の組織に育てあげた。これが後年、ハリウッドの赤狩りで多数の人間を社会的に葬った思想とデータベース誕生の背景であり、ペンタゴンがインターネットを磨きあげる濫觴《らんしょう》となった。

さらにベトナム戦争時代に至ってFBIは、スペシャルエージェント六七〇〇人が部下九三〇〇人をかかえて活動する巨大な組織にまで肥大した。モルガン商会からカーネギー製鉄、エリー鉄道まで、あらゆる産業と金融のガードマンとして立ち働いたピンカートン探偵社が、文字通り資本主義の牙城にある内部組織だったので、その流れを汲んだFBIは、必然的に無産階級やソ連、中国、キューバなどの社会主義国家を敵と位置づけ、気に入らない外国の元首を暗殺したり政権を崩壊させる工作が、アメリカ諜報機関の活動原理として定着した。そこに、FBIにとって代るさらに強大な組織、CIAが誕生することになった。

OSSドノヴァン長官とCIAダレス長官

第二次世界大戦では、国務長官ヘンリー・スティムソンが「紳士は他人の手紙を読まない」という有名な言葉を語ったにもかかわらず、アメリカは私信を盗む諜報能力で世界的な実力を培っていた。第一次世界大戦以来、暗号解読を進言して、ブラックチェンバー（闇の会議所）と呼ばれる秘密組織をつくったハーバート・ヤードレーと暗号解読の名人ウィリアム・フリードマンらの驚異的な能力によって、日本の真珠湾攻撃は事前に判明していた。しかし軍部がこの情報を信用しなかったため、四一年一二月に真珠湾奇襲が成功したのである。

この屈辱をきっかけに生まれたアメリカの本格的な軍事用諜報組織は、ルーズヴェルトが四二年六月に設立したＯＳＳ（戦略事務局）Office of Strategic Servicesであった。大統領からＯＳＳ長官に任命されたウィリアム・Ｊ・ドノヴァンは、過去にＦＢＩでフーヴァーと同様に司法長官補佐官をつとめ、その時代に膨大な個人の秘密情報を握ってニューヨーク州知事時代のルーズヴェルトと深い関係にあったため、この時にはニューヨークの高名な弁護士になっていた。ドノヴァンはすでに大統領と相談して全部局の情報を統合する作業を進めていた。その矢先に真珠湾攻撃が起こったため、ＯＳＳを設立することになったのである。後年、彼の部下から、四人のＣＩＡ長官ウォルター・スミス、アレン・ダレス、ウィリアム・コルビー、ウィリアム・ケイシーと、ベトナム工作班を使ってラオス・カンボジア侵攻作戦を指令した国務長官ヘンリー・キッシンジャーらを続々と輩出するようになった。〝ワイルド・ビル〟・ドノヴァンと呼ばれたこの男は、スティーヴン・ベクテルの妻の叔父ジョン・シンプソンと軍事情報を交換し合った。

全米一の建設会社ベクテルは、世界中の重要な建築物の図面をコレクションし、あらゆる地理・地形の資料を持っていた。湾岸戦争後のクウェート復興で土木・建設事業の大半を請け負ったベクテルやフランスの建設会社ブーイグにとって、目的の第一は軍事的資料の収集にあった。そのデータが輸出入銀行とＣＩＡに送られ、かつてはベクテル・マコーン社の経営者ジョン・マコーンがＣＩＡ長官となり、最近では輸出入銀行からバーシェフスキー通商代表やデイリー商務長官が出てくることになる。誘導ミサイルやステルス攻撃機が飛行する山地の地形については、建設会社に代って鉱山会社が資料を提供してきた。

ワイルド・ビル・ドノヴァンに資料を提供したシンプソンは、シュローダー銀行副頭取の要職にあり、その幹部からイギリスの国外諜報機関ＭＩ６の情報を得ていた。彼が銀行業務を遂行するとき最も信頼して契約取引きを依頼したのが、ニューヨークのサリヴァン＆クロムウェル法律事務所のジョン・フォスター・ダレスとアレン・ウェルシュ・ダレス——のち五〇年代のアメリカを支配する兄弟であった。以来シュローダー銀行とこの法律事務所は一体となって、相互の利益となるようビジネスを進めた。こうして、ＯＳＳドノヴァンとＣＩＡダレスの歴史的な出会いが生まれた。

第二次世界大戦が終ると、四五年一〇月にＯＳＳは解体され、その職務が国務省と陸軍省に移管されたが、ドノヴァンは中央に集中した情報組織の必要性を感じ、生前のルーズヴェルトに対して、統合参謀本部から独立した新しい組織の設立を強く直言していた。また戦時中に、各政府部門ばらばらだった諜報組織をまとめた陸軍と海軍の統合情報研究会議が発足していたので、新しい組織の必要性はすでに四三年、陸海軍の情報局とドノヴァンのあいだで一致した考えであった。

ところが彼が考えていたのは、その組織が、すべての省の情報を統括して、秘密の行動を独自に実行に移せるという強大な部隊であった。この考えは当然、独自の力を維持したいそれぞれの軍部から猛烈な反発を受け、ＦＢＩも国内の情報を自ら掌握することを望んで強く反対した。そうしたなか、ドノヴァンの推奨する組織によって大統領が独裁的な力をつかめると考えたトルーマン大統領は、すぐにこれを設立せずに、まず四六年一月に中央情報グループＣＩＧ：Central Intelligence Group を設立し、大統領の代表、国務長官、陸軍長官、海軍長官から成る国家情報局ＮＩＡ：National Intelligence Authority がこれを管轄することで軍部を了解させ、海軍情報局副局長のシドニー・ソーアーズを初代ＣＩＧ長官に就任させる作戦をとった。ソーアーズはマクドネル航空機重役となる人物で、軍需産業と深く関わっていた。

かくして軍部を統合することの重要性を彼らに納得させた結果、翌四七年に国家安全保障法が成立し、ＮＩＡとＣＩＧが再編されて、陸軍省、海軍省、空軍省を統括した国防総省と、国家安全保障会議ＮＳＣと中央情報局ＣＩＡが七月二六日に発足したのである。

ＣＩＡが九月一八日から実務を開始すると、これまでＦＢＩが全般的に掌握していたアメリカ国外の情報収集と諜報活動をＣＩＡが担当することになり、ＦＢＩは主として国内の諜報活動に専念することになった。ほぼドノヴァンが望んだ通り、ＣＩＡが誕生したのだ。ところがＣＩＡの国家情報調査グループを指揮するダレスは、この生まれたばかりの赤ん坊が、一歳をすぎても独り歩きできないことに不満であった。四九年になって同グループは、国家安全保障会議と共同で「国家情報は一ヶ所に統括する必要がある。ＣＩＡはほかの省と独立した機関としなければならない」と強く進言し、国家安全保障法を強化する中央情報局法を成立させることに成功した。この法律はおそろしい内容であった。ＣＩＡは秘密の予算を使うことが許され、ほかの省のような出費制限から免除されるという、とてつもない強大な権限が与えられたのである。以後ＣＩＡは、あらゆる行為について黙して語らぬようになった。組織も、機能も、高官の名前も、給与も、職員の数さえも秘密に包まれた。

二一世紀初頭のアメリカ政府の情報組織としては、国家安全保障会議と、大統領外国情報諮問会議と、情報監視会議があり、次のような機能を持つ。

★国家安全保障会議ＮＳＣ：National Security Council――国内外の政策と軍事戦略を調整・統合するため、大統領に直接助言する組織。一九四七年の国家安全保障法によって設立された。大統領、副大統領、国防長官、国務長官が参加し、ＣＩＡ長官と統合参謀本部議長が顧問として参加する。

★大統領外国情報諮問会議ＰＦＩＡＢ：President's Foreign Intelligence Advisory Board——政府外の信頼性の高い人物一六人から成り、大統領直属の組織としてホワイトハウス内で運営される無報酬のグループ。情報管理政策について、絶えず調査し、適切な作業がおこなわれているかどうかチェックしながら、大統領にさまざまな忠告をする。

★情報監視会議ＩＯＢ：Intelligence Oversight Board——情報活動の法律的なチェックをおこない、大統領と司法長官に結果を報告する。ジェラルド・フォード大統領とネルソン・ロックフェラー副大統領が一九七六年に設立した組織。

公式には、これら組織はＣＩＡの上にあり、ＣＩＡは政策を立てないとされている。ＣＩＡは大統領の命令に基づき、法律の許す範囲でしか秘密の行動をとることができない。秘密行動を許可できるのは、大統領だけで、国家安全保障会議が勧告して初めて行動を開始し、ＣＩＡ長官が議会の情報委員会に報告することになっている。八一年の法により、ＣＩＡによる暗殺は禁じられている。またＣＩＡの業務は、資料収集、データ処理、解析にあり、ＣＩＡがアメリカ市民の国内活動について調査することは許されないことになっている。それは事実なのか。

実際には、ＣＩＡは絶えず政策を立て、大統領に勧告する。絶えず法律を犯し、市民の国内活動について調査するのがＣＩＡではなかったか。

ＯＳＳでドノヴァンの将校をつとめたニコラス・ディークは、のちにＣＩＡの工作資金を国外に秘密送金する金融会社ディーク社をニューヨークに設立した。ディークは五三年にＣＩＡ新長官に就任したダレスと組み、イランに巨額のドル札を送金し、ベクテル社が武器を現地に供給しはじめた。イランでは、国民の人気を独り占めする民族主義者のモハメッド・モサデク首相が、イギリスの石油会社を国有化したからである。八月一九日の早朝、ＣＩＡ資金と武器を手にしたイラン人が「打倒モサデク」を叫んでクーデターを起こし、イギリスやアメリカの石油会社に利権を与えるパーレヴィ国王を復権させてしまったのである。ダレスはサリヴァン＆クロムウェル法律事務所でスタンダード石油の顧問弁護士であり、特にダレス兄弟が顧問をつとめたアングロ・イラニアン石油（イギリス・イラン石油）は直接イランの利権に関わっていた。ダレスはその見返りに、ディーク社に軍需産業を紹介する仲介の労をとることも忘れなかった。ロッキードはディーク社を通じて日本に政界工作資金を送る方法を学び、右翼の政界フィクサー児玉誉士夫に送金し、田中角栄らがそれを懐に入れたのである。

六一年には、ベルギー領コンゴ独立の父パトリス・ルムンバが暗殺され、ドミニカの独裁者ラファエル・トルヒーヨが暗殺され、国連事務総長ダグ・ハマーショルドがコンゴで飛行機墜落事故のため死亡した。六二年にはケネディー大統領とのスキャンダルが噂された女優マリリン・モンローが死体で発見され、六三年には南ベトナムでゴ・ジン・ジェム大統領と弟ゴ・ジン・ニューが暗殺され、ケネディー大統領が暗殺され、その容疑者リー・オズワルドが暗殺された。六五年には黒人指導者マルコムXが暗殺され、六八年にはマーティン・ルーサー・キング師が暗殺され、大統領候補ロバート・ケネディーが暗殺された。七〇年にはチリの護憲派参謀総長ルネ・シュナイダーが暗殺され、七三年にはチリの社会主義大統領サルバドール・アジェンデ・ゴセンス博士が暗殺され、以後アウグスト・ピノチェト軍事政権下で七〇万人が拷問にかけられ、数千人が殺され、数万人が行方不明となった。七四年には高速増殖炉の危険性に気づいた女性労働者カレン・シルクウッドが新聞記者に重要な資料を届けにゆく途中ハイウェイで謎の交通事故によって死亡し、資料は消失した。七六年にはキューバ旅客機爆破事件が発生し、キューバはCIAの工作と主張した……

六〇年代のキューバのカストロ首相暗殺未遂事件は、ダレスの指示によるCIAの工作だったことが判明している。ケネディー兄弟もカストロ暗殺計画に夢中になった。チリのアジェンデ失脚をキッシンジャーが工作したことも公知の事実だ。CIAによる第三世界の政府転覆事件と、首脳失脚事件は、イラン、グアテマラ、インドネシアを筆頭に、枚挙にいとまがない。

FBIとCIAの職務は、国内と国外の活動に大きく分離されたが、実際にホワイトハウスが取り組むテロリズムや麻薬、軍需・原子力産業に関して、国際問題と国内問題が完全に切り離されることはなく、FBIとCIAは互いに資料を交換し合い、時には各州の警察と組んだ三者の連携プレーによって工作活動をおこなってきた。ＦＢＩ長官フーヴァーが、ケネディー家の過去の「密造酒による収益問題」と「マフィアのマイヤー・ランスキーとのつながり」や「数々の女性関係」をくわしく調べあげ、ホワイトハウスに入ろうとするケネディー兄弟を脅迫して、リンドン・ジョンソンを副大統領に指名させたと言われている。それに怒りを覚えた司法長官ロバート・ケネディーがフーヴァーを排除するよう、慣例を破ってＦＢＩ長官に厳しい態度に出たことはあまねく知られた。一方フーヴァー自身は、同性愛者だったことをランスキーに知られ、マフィアから脅迫される立場にあった。ケネディー大統領と深い関係にあったモンローの死は、本当に自殺だったのか。ケネディー大統領暗殺調査特別委員会に、最も疑惑の濃いダレス元ＣＩＡ長官が入り、委員会ではオズワルド単独犯行説が結論づけられ、オズワルドは逮捕直後にランスキーと過去に関わりのあるジャック・ルビーによって射殺された。事件は完璧なまでに闇に葬り去られた。

ヴァージニア州ラングレーに、中央情報局《CIA》の本部がある。国防総省と並ぶアメリカ政府最大級の組織だが、ＣＩＡの予算と職員数は現在も非公開にしてよいとされている。アメリカ政府の情報活動予算は、九七年に初めて公表され、ＣＩＡを含めて九七年度に二六六億ドル、九八年度に二六七億ドル（ほぼ三兆円）であった。ＣＩＡ本部の職員の人数は、建物の大きさから推測し、かねてから一万六〇〇〇人程度であろうと言われてきた。ＣＩＡ長官だったジョージ・ブッシュが副大統領の時代に敷地三〇万坪の土地に三年間をかけて二六階建の新しいビルが隣接され、九一年に完成、湾岸戦争直後から実際に使われるようになった。

ＣＩＡ職員が失業しないためには、常に世界に危機があり、緊張がなければならない。幹部になれば、危機情報を操り、大きな裁量権を持つことができる巨大な軍事・情報収集予算を、ＣＩＡ自らに配分させるのである。そこでは、今もドノヴァンとダレスが神のように崇められているという。

ＣＩＡのインテリジェンスＣＦＲと全米ライフル協会

ここまで見たＦＢＩとＣＩＡは、しかし諜報組織の一面でしかない。工作員の荒々しい物語は小説と映画に仕立てやすいため、世間の耳目を集める。ＣＩＡビルに集合するアメリカのインテリジェンスが忘れられるのである。そこには全米のなかでも特別優秀な人間が採用され、大学でのＣＩＡ職員の養成から、軍需産業への人材の送り込みまで、緻密なプロジェクトが進められる。ＣＩＡ本部がおこなう解析能力は、世界的にも傑出したものがある。

事実二〇世紀末、テネシー大学総長アンドリュー・アレグザンダーがマーティン・マリエッタ重役となり、ペンシルヴァニア大学理事長ロイ・ヴァジェロスとワシントン大学総長ウィリアム・ダンフォースがマクドネル・ダグラス重役となって、弟ジョン・ダンフォースがＣＩＡ

をチェックする上院特別情報委員会のメンバーだったように、軍需産業は、知性と武力を同時に学ぶ場所として大学を位置づける。CIA長官ジョン・ドイッチを育て、レイセオン重役として送り出したのは、マサチュセッツ工科大学MITであり、MIT総長チャールズ・ヴェストがデュポン重役となり、ロックフェラー大学総長フレデリック・サイツはNASAの技術を学んでテキサス・インストゥルメンツ重役となり、それをレイセオンに委譲する役割を果たしてきた。

スタンフォード大学は地元ロッキード・マーティンの意向を強く受けるが、理事会副会長のジェームズ・アクロピーナがロッキード・マーティン重役となったのは、カリフォルニア州の優秀な学生を軍需産業に手招くためであった。

これらの軍需産業と共同作業を進めるCIA本体は、インテリ組織である。

彼らは頭脳と現地工作の両作戦を遂行するため、数々の組織と密接なコネクションを持ち、単独では存在しない。最も意外な関係は、CIAと全米ライフル協会にある。ライフル協会は、南北戦争が終って六年後の一八七一年、ウィリアム・チャーチとジョージ・ウィンゲートによってニューヨークに設立され、初代の協会長に、南北戦争の北軍司令官で元ロードアイランド州知事のアンブローズ・バーンサイドが就任した。北部の組織なので、ほぼ同時期に誕生した恐怖の秘密結社KKKとは、今日までメンバーの重なりが見られない。二〇世紀に入ると、コルト・インダストリーズに新しい資本が入ると共に、ライフル協会も一九〇三年に主な大学や軍事アカデミーにライフルクラブを設立するよう働きかけ、若者に射撃を広めはじめた。それから一世紀後、二〇〇〇年には若者が一〇〇万人規模でこの射撃大会に参加するまでになった。

それればかりかライフル協会は、三九年に第二次世界大戦がはじまると、翌年に全米から銃器を集め、七〇〇〇丁以上のライフルをイギリスに送りこみ、ドイツからの進撃に備えた。軍需産業として機能しはじめたのである。ベトナム戦争時代に、膨大な量の弾丸を供給したデュポン会長ラモット・デュポン・コープランドは、ライフル協会の幹部であった。

だが二〇世紀末にライフル協会の射撃大会に出場した参加者の九九パーセントは、凶悪ではない。陽気なアメリカ人であり、『シェーン』や『アンタッチャブル』のヒーローを気取って楽しむだけだ。「日本ではなぜ拳銃の所持が禁止されるのだ。ガンは身を守るのに必要ではないか」と、誠実な紳士が真剣に尋ねるほどアメリカ人にとって拳銃は当たり前の持ち物であり、クリントン大統領のホワイトハウス・スポークスマンだったジョージ・ステファノプーロスもライフル協会の支援者であった。一度大量にピストルが普及すれば、社会はそのような状況になる。ライフル協会の会員は三〇〇万人を数え、町の警察官や警備員の射撃インストラクター一万人以上がライフル協会の会員で、彼らが年間七五万人のガンオーナーに射撃を指導するので、犯罪都市では町を守る正義とみなされる。

一方、協会最強のメンバーが銃器メーカーであるため、裏ではインターネットで全米の拳銃メーカーを紹介できる仕組みがあり、協会はビジネスの仲介役をつとめる。五〇年にライフル協会主催の全米射撃大会で、中古のコルトと借り物の銃を使って二七〇〇発中二六〇〇発を命中させたチャンピオンのジム・クラークは、朝鮮戦争時代に活躍し、六〇年には二六五〇発を命中させて、この世界ではヒーローとなり、親子でガンショップを経営してきた。そしてここまで肥大した全米ライフル協会設立者ジョージ・ウィンゲートの孫ホレーショ・ロイドが、CIAの補佐官として重要な役割を果たしてきたのである。

CIAのインテリジェンスは、大学とライフル協会のほか、外交関係評議会CFR：Council on Foreign Relationsという強大なビジネスグループに置かれている。

第一次世界大戦後、一九二一年に設立された外交関係評議会は、対外的には「アメリカの外交政策を向上させ、アメリカの国際的役割を強化し、同時に外国からの理解促進を目的として」設立された。会員三八〇〇人を擁し、ここに膨大な数のビジネス・トップが参加する。外国からの理解促進という看板に反して、各国の政界リーダーと接触し、外圧をかけることが目的である。外交問題で全米最大のシンクタンクとして知られ、雑誌〝フォーリン・アフェアーズ〟（外交問題）を発刊しながら、しばしば外国への軍事介入や、紛争挑発を示唆する論文を掲載し、過去たびたび軍事危機を煽ってきた。アメリカと国外の軍備強化を正当化し、軍需産業に莫大な国家予算が注入されるよう、ペンタゴンの予算請求を権威づけるための組織である。二〇〇〇年まで一貫してその姿勢を崩さない。その性格を物語るのが、次の一家である。

七二〜八四年の一二年間〝フォーリン・アフェアーズ〟編集長をつとめたのが、国防次官補ウィリアム・バンディーであった。彼は戦時中の四三年に国務長官補佐官ディーン・アチソンの娘メアリーと結婚した。アチソンは四九年に国務長官に就任して閣僚のトップとなり、部下のジョゼフ・ダッジがGHQ経済顧問として日本に派遣されたことを先に述べたが、娘婿バンディーも暗躍をはじめ、五一〜六一年にCIAで活動して、ダレス長官の一番の部下として可愛がられた。ウィリアムの父ハーヴェイ・ホリスター・バンディーは、第二次世界大戦中の参謀総長スティムソン陸軍長官の右腕として特別補佐官をつとめ、原爆開発のマンハッタン計画に精通していたので、このファミリーは戦後の核兵器とミサイル開発という最強技術を掌握していた。

ウィリアム・バンディーはケネディー〜ジョンソン政権に変っても国防次官副補佐官から国防次官補として政権中枢で活動し、弟マクジョージ・バンディーがケネディー〜ジョンソン両大統領の特別補佐官となって、この兄弟がベトナムへの積極介入政策を具体的に立案し、マクナマラ国防長官あてに挑発的な文書を提出した。これが決定的な政策となって、アメリカの軍需産業が総動員される戦争に突入していった。この当時、五九〜六二年に南ベトナム大使館につとめたウィリアム・コルビーは、ワイルド・ビル・ドノヴァンの法律事務所で育てられた男で、そのあとCIA極東課長として日本のベトナム軍需を動かしたあと、七三年からCIA長官に就任した。もうひとり、OSSでドノヴァンの部下だったリチャード・ヘルムズは、五二年からCIAの工作本部長になり、この六〇年代に東南アジア作戦本部長としてベトナムで暗躍し、六六年からCIA長官となった。全員が見事に呼吸を合わせていたのだ。チリのアジェンデ暗殺の黒幕と言われたヘルムズの祖父は、世界各国の中央銀行の中央銀行である国際決済銀行（バーゼル・クラブ）の初代理事長ゲイツ・マッガラーであり、地球全土の金融界に絶大な権力を持っていた。

これは昔話ではない。このとき彼らと共に活動し、六七〜六八年にペンタゴンの政策立案スタッフとしてベトナム作戦部長だったレスリー・ゲルブが、二〇〇〇年一二月時点の外交関係評議会トップ（理事長）として、ブッシュJr政権発足の二一世紀へと幕を開いたのである。当時派手な活動を展開したマクジョージ・バンディーは、ニクソン政権に変っても、ホワイトハウス地下の執務室から外交政策を指揮したと言われたが、彼らの後継者が消えることはない。

一方、アレン・ウェルシュ・ダレスの兄ジョン・フォスター・ダレスは、朝鮮戦争中の五一年に特使として来日すると、自ら再編した日米経済協力懇談会を通じて日本に兵器製造を推進させ、五三年にアイゼンハワー政権の国務長官に就任後は、冷戦時代を一人で取り仕切り、五七年一〇月号の〝フォーリン・アフェアーズ〟では、持論の大量報復戦略に小型核兵器を加える局地戦まで提唱して恐怖時代を煽った。これと似たことが四〇年後にも見られた。

九三年五月に北朝鮮が日本海に向けてノドン・ミサイルを発射し、翌年に北朝鮮元首の金日《キムイル》成《ソン》が死去、息子の金正日《キムジョンイル》に権力が移譲されると、一一月には外交関係評議会の若手である主任研究員マイケル・グリーンが「日米同盟の再定義」と題する論文を発表し、日本の軍事外交をアメリカのミサイル防衛戦略に引き込む策動を開始したのである。時代が動いている渦中にあるときには、主人公たちの年齢が若く、履歴はほとんど闇の中にあり、何が起こっているか外見上は分らない。しかし歴史が残した足跡を後年に振り返ってみれば、いくつかの集団が見事に呼吸を合わせて動いたという事実があぶり出される。二一世紀に彼らがプロジェクトを組んだのは、ミサイル防衛という最新の錬金術であった。

彼らに指示を与えた外交関係評議会は、二〇〇〇年末における会長ピーター・ピーターソンが、ニクソン政権の商務長官からリーマン・ブラザース会長となり、八五年からは企業の買収合併を専業とするブラックストーン・グループを率いてウォール街の長者番付上位にランクされ、軍需産業大再編の黒幕であった。副会長モーリス・グリーンバーグは、大手保険会社アメリカン・インターナショナル・グループ会長で、ＧＨＱ総司令官の甥ダグラス・マッカーサー二世やサリヴァン&クロムウェル法律事務所のパートナーであるバーナード・アイディノフらを重役室に迎えていた。これら理事長、会長、副会長のもとには、主な人物だけで、次のような人材がキラ星のごとく並んでいた。

理事――ブッシュ政権の通商代表カーラ・ヒルズ（ランド・コーポレーション幹部）、ブッシュJr政権の通商代表ロバート・ゼーリック、ケネディー大統領の特別顧問セオドア・ソーレンセン、ウォール街の黒幕ジョージ・ソロス、クリントン政権の財務長官ロバート・ルービン、経済諮問委員会委員長ローラ・タイソン、CIA長官ジョン・ドイッチ、経済局長マーティン・フェルドステイン。

名誉理事――ケネディー〜ジョンソン政権の財務長官ダグラス・ディロン、カーター政権の国務長官サイラス・ヴァンス、ヴァンスと一族の財界巨頭デヴィッド・ロックフェラー。

CIA長官・副長官リストとペルーの武器取引き

後年に歴史を振り返るため、表3にCIAの長官と副長官リストを掲げておく。

彼らのうちすでにかなりの人間が、ここまでの本文に登場した。それらを含めて、アイウエオ順に代表的人物の核・軍事・諜報・シンクタンク関係の要職と問題点だけを要約すると、次のようになる。民間企業の重役は就任した年が不明な例が多いので、その場合は履歴の最後に記す（算用数字は西暦年を表わす）。

★インマン――81〜82ＣＩＡ副長官。軍需産業サイエンス・アプリケーションズ・インターナショナル重役。

★ヴァンデンバーグ――ＮＡＴＯ創設など東西対立を決定的にし、上院外交委員長から上院議長、共和党大統領候補となったアーサー・ヴァンデンバーグの甥。46〜47（ＣＩＡの前身）ＣＩＧ長官→48〜53空軍参謀長→59無人軍事スパイ衛星ディスカバリー打ち上げ→以後ＩＲＢＭ・ＩＣＢＭ発射実験。ヴァンデンバーグ空軍基地は彼の名に因む。

★ウェブスター――ゼネラル・ダイナミックスとマクドネル・ダグラスの本拠地セントルイスの財閥一族。78〜87ＦＢＩ長官→87〜91ＣＩＡ長官。

★ウールジー――68〜70国防省→69〜70ＳＡＬＴ顧問→70国家安全保障会議→77〜79海軍次官→91〜93マーティン・マリエッタ重役→93〜95ＣＩＡ長官。

★カールッチ――コンゴ・南ア利権獲得後ＣＩＡ工作員→78〜81ＣＩＡ副長官（80イラン大使館人質奪回作戦失敗）→81〜82国防次官→87〜89国防長官→89〜93カーライル・グループ副会長→93〜　会長。ウェスティングハウス、ゼネラル・ダイナミックス重役。

★ケイシー――48マーシャル・プラン→71〜73証券取引委員会委員長→74〜75輸出入銀行総裁（フィリピンのバターン原発輸出にからむウェスティングハウスの賄賂工作に関与）→81〜87ＣＩＡ長官（イラン・コントラ武器密輸事件渦中に急死）。ベクテル社顧問。

◆表3　CIAの長官と副長官リスト

（正式なCIA発足は1947年7月26日。それ以前は、CIG〈中央情報グループ〉の長官と副長官。）

CIA長官		就任年月日	退任年月日
ソーアーズ	Sidney W. Souers	1946・1・23	1946・6・10
ヴァンデンバーグ	Hoyt S. Vandenberg	1946・6・10	1947・5・1
ヒレンケッター	Roscoe H. Hillenkoetter	1947・5・1	1950・10・7
スミス	Walter Bedell Smith	1950・10・7	1953・2・9
ダレス	Allen W. Dulles	1953・2・26	1961・11・29
マコーン	John A. McCone	1961・11・29	1965・4・28
レイボーン	William F. Raborn, Jr.	1965・4・28	1966・6・30
ヘルムズ	Richard Helms	1966・6・30	1973・2・2
シュレシンジャー	James R. Schlesinger	1973・2・2	1973・7・2
コルビー	William E. Colby	1973・9・4	1976・1・30
ブッシュ	George H.W. Bush	1976・1・30	1977・1・20
ターナー	Stansfield Turner	1977・3・9	1981・1・20
ケイシー	William J. Casey	1981・1・28	1987・1・29
ウェブスター	William H. Webster	1987・5・26	1991・8・31
ゲイツ	Robert M. Gates	1991・11・6	1993・1・20
ウールジー	R. James Woolsey, Jr.	1993・2・5	1995・1・10
ドイッチ	John M. Deutch	1995・5・10	1996・12・15
テネット	George J. Tenet	1997・7・11	

（一部、長官不在の空白期間があるが、その期間中は副長官が長官代理をつとめた）

CIA副長官		就任年月日	退任年月日
ダグラス	Kingman Douglass	1946・3・2	1946・7・11
ライト	Edwin K. Wright	1947・1・20	1949・3・9
ジャクソン	William H. Jackson	1950・10・7	1951・8・3
ダレス	Allen W. Dulles	1951・8・23	1953・2・26
キャベル	Charles P. Cabell	1953・4・23	1962・1・31
カーター	Marshall S. Carter	1962・4・3	1965・4・28
ヘルムズ	Richard M. Helms	1965・4・28	1966・6・30
テイラー	Rufus L. Taylor	1966・10・13	1969・2・1
クッシュマン	Robert E. Cushman, Jr.	1969・5・7	1971・12・31
ウォルターズ	Vernon A. Walters	1972・5・2	1976・7・7
ノチェ	E. Henry Knoche	1976・7・7	1977・8・1
ブレーク	John F. Blake	1977・8・1	1978・2・10
カールッチ	Frank C. Carlucci, III	1978・2・10	1981・2・5
インマン	Bobby R. Inman	1981・2・12	1982・6・10
マクマホン	John N. McMahon	1982・6・10	1986・3・29
ゲイツ	Robert M. Gates	1986・4・18	1989・3・20
カー	Richard J. Kerr	1989・3・20	1992・3・2
ステュードマン	William O. Studeman	1992・4・9	1995・7・3
テネット	George J. Tenet	1995・7・3	1997・7・11
ゴードン	John A. Gordon	1997・10・31	

★ゲイツ――74～80国家安全保障会議→80CIA→86～89CIA副長官（86～87長官代理。ニカラグア港の地雷爆破事件、イラン・コントラ武器密輸事件に関与）→89～91国家安全保障担当大統領次席補佐官（パナマ侵攻作戦、リベリア内戦、湾岸危機に暗躍）→91～93CIA長官。軍事シンクタンク「スワット」メンバー。TRW重役。

★コルビー――47～49OSS元長官ドノヴァン法律事務所→59～62南ベトナム大使館員→62～67CIA極東課長→68～71南ベトナム大使館（民間作戦部隊組織部長）→72～73CIA作戦副部長→73～76CIA長官（ベトナム戦争鼓舞）→87ドノヴァン法律事務所復帰。

★シュレシンジャー――63～67ランド・コーポレーション→71～73原子力委員会委員長→73～73CIA長官（カンボジア惨殺時代を招く爆撃強行）→73～74国防長官→77～79エネルギー長官。

★スミス――50～53CIA長官→53～54国務次官。ユナイテッド・フルーツ重役として中南米利権の拡大にCIA活動を利用。

★ソーアーズ――46～46（CIAの前身）CIG長官。エヴィエーション・コーポレーション、マクドネル航空機など多数の軍需産業重役。

★ターナー――60～70年代のベトナム戦争司令官（誘導ミサイル部隊など）→75～77NATO軍司令官→77～81CIA長官→モンサント（ベトナム戦争枯葉剤製造責任者として多数の

訴訟の被告企業）重役。
★ダレス——ジョン・フォスター国務長官とロバート・ランシング国務長官の一族。兄がジョン・フォスター・ダレス国務長官。第一次世界大戦ドイツ賠償問題など多数の軍事外交に関与→26〜42サリヴァン&クロムウェル法律事務所の弁護士（USスチールとスタンダード石油トラストをつくった事務所。共同経営者。兄が最高責任者。この時代にもアメリカの外交代表として各種国際会議出席。アングロ・イラニアン石油顧問。シュローダー銀行顧問時代にOSSドノヴァンと出会う）→42〜45スイスのベルンで諜報センター設立（国際的諜報活動と金融活動）→47CIA発足と同時に作戦組織の編成を担当し、国家情報調査グループを指揮→49国家安全保障会議と共同で「国家情報統括の必要性とCIAの独立性」を大統領に進言→51〜53CIA副長官→53〜61CIA長官（60CIAがキューバ国内の反革命軍を支援。60アメリカの偵察機U2がソ連上空で撃墜さる。60CIAがKH1偵察衛星によるコロナ計画で一二一個の人工衛星による共産圏軍事施設の偵察を始動）→61長官退任後もダレスの計画でCIAが亡命キューバ人一五〇〇人部隊を組織してキューバ侵攻作戦実施するも失敗（ピッグズ湾事件。キューバ人死者三四七八人）→62〜69サリヴァン&クロムウェルに復帰→63〜64ケネディー大統領暗殺調査特別委員会委員。
★テネット――97〜　CIA長官（99NATO軍によるユーゴ攻撃の作戦立案）。

★ドイッチ――61～65国防総省システムアナリスト→76ＭＩＴ副理事長→79～80エネルギー省次官→82ＭＩＴ科学部長（国防関連技術と核兵器を中心に学部長や事務長として勢力を拡大）→93～94国防次官（調達担当）→94～95国防副長官→95～96ＣＩＡ長官→99ＣＩＡ在職中に高度機密情報をずさんに取り扱っていたことが発覚。レイセオン重役。

★ヒレンケッター――47（ＣＩＡの前身）ＣＩＧ長官→47～50ＣＩＡ長官→ミサイル産業エレクトロニクス・ミサイル・ファシリティーズ重役。

★ブッシュ――投資銀行Ｗ・Ａ・ハリマン社長ジョージ・ハーバート・ウォーカーの孫。第二次世界大戦の戦時融資キャンペーン議長で、米ソ冷戦時代に長距離ミサイルとポラリス潜水艦の開発を強力に推進したプレスコット・ブッシュ上院議員の息子。ジョージ・ブッシュJr大統領の父。第二次世界大戦の海軍パイロット→53～66テキサス州ヒューストンでザパタ石油創業・社長→67～71下院議員→71―72国連大使→76～77ＣＩＡ長官→81～89レーガン政権の副大統領→89～93第四一代大統領（89パナマ侵攻作戦実施→91湾岸戦争開戦）。

★ヘルムズ――国際決済銀行（バーゼル・クラブ）初代理事長ゲイツ・マッガラーの孫。42～46ＯＳＳドノヴァンの部下として活動→47～52ＣＩＡ→52ＣＩＡ工作本部長→東南アジア作戦担当企画本部長→65～66ＣＩＡ副長官→66～73ＣＩＡ長官→73～76イラン大使。ベクテル顧問。

★マコーン――37～45ベクテル・マコーン社長（第二次世界大戦で巨額の利益）↓41～46カリフォルニア造船社長↓48国防副長官↓50～51空軍次官↓58～60原子力委員会委員長↓61～65CIA長官。

★レイボーン――56潜水艦発射弾道ミサイル「ポラリス」開発責任者↓60ケープカナベラル沖合で潜水艦ジョージ・ワシントンから初の発射実験成功↓61～63エアロジェット・ゼネラル副社長↓社長↓65～66CIA長官。

もうひとつ記録として残さなければならないのは、CIAによる第三世界への武器輸出である。二〇世紀の終りに、米軍はたびたび大規模な出兵をおこなった。

八二～八三年　米軍がレバノン派兵。
八九年　米軍がパナマ増派決定後、パナマへ武力侵攻。
九一年　米軍主体の国連軍がイラクへのミサイル攻撃を開始して湾岸戦争開戦（一月一七日から二月二七日の終戦までに死者一〇万人規模の戦争。米軍死者一四八人）。
九二～九四年　米軍がソマリア介入。
九四年　米軍がハイチ侵攻。

九四〜九五年　米軍がボスニア空爆。
九八年　米軍がスーダンとアフガニスタンをミサイル攻撃。
　米英軍がイラクへミサイル攻撃（翌年まで民間施設を爆撃）。
九九年　米軍主体のNATO軍がユーゴスラビア連邦へミサイル攻撃。民間人一〇〇〇人以上を大量殺戮。NATO軍の戦死ゼロ。

これら出兵の陰では、紛争当事国にアメリカやヨーロッパから兵器や武器が輸出されてきた。中南米はアメリカ合衆国の裏庭とされ、最近ではペルー周辺に新たな取引きが発見されたのである。二〇〇〇年一一月に〝ニューヨーク・タイムズ〟が報道して以来の経過をまとめると、次のようになる。

九八年末、ヨルダンの首都アンマンで、現地のCIA事務所にヨルダンの高官が訪れ、「アメリカはペルーに強力な攻撃用ライフル銃AK47を五万丁以上も売っているが、気にならないのか」と尋ねた。CIAはその時、事実を否定したが、九九年春になって、「ペルーではなく、ワシントン政府が禁じているコロンビアの左翼ゲリラに何千丁ものライフルが渡っていることを確認した」と、CIA高官がクリントン政権に報告した。ペルーで多年にわたって情報機関のボスをつとめ、アルベルト・フジモリ大統領の側近として院政をしいてきたブラディミロ・モンテシノスが、その武器取引きの中心人物であった。モンテシノスは、反対派のリーダーに賄賂を渡しているところをビデオテープに録画され、それが発覚すると二〇〇〇年九月二三日にパナマへ逃亡したが、一〇月二三日に帰国した。逃避と見えたこの一時的な行動は、逃げたのではなく、パナマの二社にスイスから送金するモンテシノスの銀行口座があり、大金を受け取るためであった。

しかもフジモリは、その二日後にモンテシノスについて捜査を命じながら、翌一一月一三日にはアジア太平洋経済協力会議《APEC》への出席を口実にブルネイへと出発し、会議後はなぜか一六日にマレーシアに立ち寄って、自分が所有するパナマ企業二社の株をシンガポール証券取引所で売却したのち東京に向かったとされている。その後、フジモリは新議長あてに大統領職の辞表を送付し、帰国しないという、奇怪きわまりない、国家元首として恥ずべき行動をとった。

金の授受や株の売買に関してフジモリ本人は否定したが、一一月二八日までにスイスの銀行が確認したモンテシノスの秘密口座は、総額八〇〇〇万ドルにのぼった。さらにアメリカ、ルクセンブルク、ウルグアイなど五ヶ国にも一〇〇〇万ドルの口座があり、一〇〇億円を超えていた。これがほとんどペルー政府の武器取引きの際に彼が受け取った一〇パーセントのコミッションであった。実際には「一〇〇億円なんて、そんなに少ないはずはない」と関係者が発言していたが、確かにその後、一二月に入ると、妻トリニダ・ベセラ夫人の名義でスイスの銀行に一七〇〇万ドルが預金されていたことが判明した。

これら隠し口座の金は、単なるアンダーグラウンド・マネーではなかった。フジモリ政権になってペルーでは三万人以上が殺され、膨大な数の農民が政府軍に誘拐されたまま行方不明になっていた。モンテシノスらが送り込んだライフルはその人殺しのために使われ、コミッションは武器産業の利益からひねり出された金であった。情報機関のモンテシノスと密接に共同行動をとってきたのがアメリカのＣＩＡで、八〇年代後半から彼を利用し、ペルーの国家安全保障という名目でさまざまな協力関係を築いてきた。中東のレバノンを経由して武器が流れ込んだこれらの複雑な事実経過は、国務長官オルブライトや国務次官トマス・ピッカリング、国防長官コーエンらが当然知っていたことでもあった。

第6章　NASAと宇宙衛星産業

月面に降り立ったアポロ15号の宇宙飛行士

ミサイル防衛計画NMDを支配する三グループ

軍需産業は、巨大な海軍の軍艦が世界支配の象徴となったあと、一時はガンベルトにさげたコルトの二丁拳銃やウィンチェスター銃73がヒーローとなり、二〇世紀には戦闘機と爆撃機が火を噴きながら空を走り回って主役に躍り出た。ここまでは目に見える力対力の勝負であった。

それでも満足できない人類は、原爆と水爆をつくり、生物を瞬間的に絶滅させる核兵器を量産し、力を超えた次元の戦いに挑戦した。飛び道具のことを英語でミサイルと言う。が、現在のミサイルは、矢でも鉄砲でもない。頭脳的なコントロール機能と、強力な破壊力を併せ持ち、ペンタゴンのオフィスビルで音もなく操作される無表情な道具へと豹変した。

アメリカはその究極の戦略を「国家ミサイル防衛構想」と銘打って、実行に移す時を迎えた。四半世紀後の二〇二六年に配備が完了するという、途方もなく巨大で複雑怪奇なシステムである。予算額は、二〇〇〇年三月にアメリカ会計検査院が公表した見積もりによれば、第一段階の開発テストだけで、三六三億ドル（日本円にして約四兆円）に拡大した。九九年に予測していた二八七億ドルを大幅に上回る。だがこの金額は、年間三〇兆円の軍事費を投入するアメリカにしては小さすぎる。多くの軍事関係者は、これで最初のテストが成功するとは考えていなかった。

第一段階は、わずか一発か二発のミサイルがアメリカを狙って発射される奇襲を想定した防衛システム。第二段階では数十発のミサイル。第三段階ではそれ以上の大規模なミサイル攻撃からアメリカを守るシステムに強化する。たとえ一〇〇発の同時攻撃があっても対処できる。したがって完成までの開発費は、数十兆円を超えると予測された。

世紀末の二〇〇〇年時点では、駆け出しのプロジェクトであった。第一段階用システムでは、九九年度までに、研究開発やテストとして五〇億ドルが投入された。ペンタゴンからこの予算を受注した企業は、上位の四社が図抜けており、九八〜九九年度の合計額で次の金額であった（九九年度は四半期に分けた第一〜第三期までの数値）。

第一位　ボーイング　八・一三億ドル
第二位　ロッキード・マーティン　六・一七億ドル
第三位　ＴＲＷ　四・四九億ドル
第四位　レイセオン　三・四四億ドル

この金額は、助走のためのテストなので、受注総額二九億ドル弱と小さかった。しかし敵のミサイルを識別するセンサーや、ミサイルを撃墜する〝キラー（殺人者）〟と呼ばれる攻撃兵器のメカニズムは、原理的に第三段階でも同じテクノロジーが応用されるので、初期開発でリードした四社がそのまま将来を支配する。二九億ドルのうち四社で二二億ドルを獲得したので、ほぼ八割のシェアが技術的に独占され、今後はこの比率が保たれる。第三位のTRWは、第4章にレイセオンのパートナーとして紹介した旧トンプソン・ラモ・ウールリッジである。したがって第三位と第四位は提携関係にあり、九〇年代に再編された軍需産業トップの三グループが、そのままミサイル防衛ビジネスのトップ三社となる。二一世紀から、この受注額が一桁も二桁もはねあがる。そのために、国策として軍需産業が再編されたのである。TRWはどのようにしてその利権を獲得したのか。この歴史は、レーガン時代に遡る。

八三年三月二三日、レーガン大統領は「敵国の核兵器がアメリカに到達できない楯をつくるためのスターウォーズ計画」を発表した。ミサイル防衛計画はこれがはじまりとされているが、実際にはそのかなり前から、アメリカもソ連もこの種の技術を真剣に検討していた。レーガン時代にそれをハリウッドのヒット映画にひっかけて〝スターウォーズ計画〟と華々しく発表し、巨大な資金が投入されたのである。

レーガンの打ち出した戦略防衛構想《SDI》 Strategic Defense Initiative は、軍事的にはその必要性が次のように説明された。アメリカにとって当時の敵国はソ連であった。両者は長い間にらみあってきたが、もし何らかの危機的な事態のため、ソ連がアメリカに向けて大陸間弾道ミサイル《ICBM》 Intercontinental Ballistic Missile を大量に発射すれば、アメリカがそれに対抗しても、勝敗とは関わりなく膨大な死者を出し、地球そのものが生物の住めない世界になる可能性がある。

したがってアメリカは、そうした発射を探知したとき即座に対応し、ミサイルが飛行する弾道をコンピューターで高速計算することによって、空中にあるミサイルをレーザー光線のようなビームで破壊してしまう必要がある。またそれは可能である。理論的には、地上にレーザー光線発射装置を配備し、その光線を宇宙空間の巨大な鏡に反射させて、飛来するミサイルを撃墜できるからだ。そのためには、発射されたミサイルを探知する目と、撃墜する兵器と、高速計算するコンピューターが求められる。

実際にこれを完成するには、ミサイルが発射された直後から、次第に放物線を描いてミサイルが宇宙空間を飛んでゆくあいだの軌道をキャッチして、ミサイルが大気圏に突入する前にいずれかの場所で撃墜できるよう、軌道の位置を正確かつ迅速に計算しなければならない。研究費だけで二六〇億ドル、これを一〇〇パーセント成功させるには一兆ドル(一〇〇兆円規模)が必要と言われてきた。

ところがこの一連のミサイル開発では、とんでもないことがおこなわれてきた。ソ連や中国のミサイル攻撃から全米の都市を防衛するという名目でSDI開発がスタートすると、「空中でミサイルを撃ち落とすことは容易ではない」と、専門家からたびたび指摘されたのである。ところが八四年六月、見事にミサイルを撃ち落とすテストに成功したため、議会ではそうした批判が吹っ飛んでしまった。レーガンは「スターウォーズ計画こそソ連の脅威を排除する最良の選択」として華々しく宣伝を続けた。

ところが八六年にはスペースシャトル〝チャレンジャー〟が空中爆発して、宇宙飛行士全員が死亡するという悲劇の後、ソ連ではチェルノブイリ原発事故が起こって大災害が広がり、巨大帝国の威信が失墜すると、九一年には国家が消滅したのである。しかもその間に、中国が半分共産主義、半分資本主義へと変貌した。ソ連も中国もアメリカの重要な貿易パートナーと変り、敵国と位置づけるには理論的に中途半端な存在となった。しかも一兆ドルをかけてもSDIを実現できる可能性は薄くなり、技術的な失敗と過大な出費のため、スターウォーズ計画は一度消えることになった。

やがてブッシュ時代の後、クリントン大統領が選んだ初代国防長官レス・アスピンは、レーガン時代のスターウォーズ計画を批判してみせた。ところがそれは芝居であった。九三年、北朝鮮がおもちゃのようなミサイルを発射したので、敵国は「共産主義国」から「ならず者国家」に切り換えられた。アスピンは新たに「現実的ミサイル防衛」という言葉を使って、巧みに予算復活に導いた。それがNMD（国家ミサイル防衛構想）National Missile Defenseというものである。今度はレーザー光線ではなく、ミサイルをロケットで撃墜しようという計画であった。ロッキード・マーティンのミルスター衛星などを宇宙に配備しておき、敵のミサイルの影をとらえるとアメリカも強力な破壊物体をロケットから発射して、これを撃墜するという。

何も変っていないが、表向き新計画に変ったのだ。

九九年一〇月以来、標的を撃墜するテストがスタートし、最初は成功したと言われたが、以後は二〇〇〇年一月と七月に失敗続きであった。NMDどころか、九八年八月にはロッキード・マーティンのタイタン4による通信傍受衛星の打ち上げが、ロケット爆発で失敗し、九九年四月には、同社の小型ロケット・アテナ2号が地球観測衛星（早期警戒衛星）の軌道投入に失敗し、同じ四月にフロリダ州ケープカナベラルから再びタイタン4ロケットで最新鋭の軍事用通信衛星ミルスターを打ち上げたが、予定の静止軌道への投入に失敗した。ミルスターは八億ドルを超え、一〇〇〇億円という高級衛星である。この時二基が軌道上にあって、ユーゴスラビア攻撃中のNATO軍巡航ミサイルに誘導データを送っていた。これら軍事衛星の三回連続失敗で、総額三〇億ドル、ほぼ三六〇〇億円の損失が出た。

これはNMDに無関係の失敗ではなかった。ロケット技術が基礎にあって、NMDが成立する。以来二一世紀に突入するまでに、SDIからはじまってすでに七〇〇億ドル、ほぼ八兆円という巨額の予算がミサイル防衛関連に投じられ、ミサイル産業に流れこんだ。NMDでは二〇〇五年までに二一回のテストを必要とするが、すでにペンタゴンや空軍の幹部たちは、「わが国に向けて大陸間弾道ミサイルを発射できるような国は、アメリカの撃墜メカニズムを攪乱《かくらん》するようなシステムを簡単に開発するだろうから、テストが成功しても、実戦では役に立たない」と、悲観的な意見を語りはじめた。

それでも計画が止まらないのは、金がかかるからであった。クリントンの計画では最低限必要な開発費用の総額が六〇〇億ドルだったが、各種の研究機関の見積もりでは、その二〜四倍の一二〇〇〜二四〇〇億ドル、日本円で一三〜二六兆円という途方もないものになるとされ、過去の実績を見ればそれでも完成するとは到底考えられなかった。

ホワイトハウスを呑み込むＴＲＷの重役室

ＮＭＤ開発第三位のＴＲＷは、九八年のペンタゴンの受注ベストテンにも入り、レイセオンと共に、ミサイルを空中で識別してキャッチする機器を製造してきた。九九年一〇月の第一回迎撃実験では、レイセオンの〝殺し屋〟キルヴィークル kill vehicle が太平洋の島で待機するなか、敵国のものと想定したＩＣＢＭのミニュットマン・ミサイルをカリフォルニア州のヴァンデンバーグ空軍基地から発射し、ただちにそれを察知した殺し屋が飛び出して、高度二三万メートルの宇宙空間で撃破することに成功した。士気は大いにあがった。

ところが二〇〇〇年一月と七月の実験が二回とも失敗し、テスト結果の詳細が公表されないので、技術の実態は闇の中にあった。そこへＴＲＷの技術者だった者が証言し、「ミサイルを空中で識別できる確率は五〜一五パーセントしかなく、テストは失敗続きだった」という事実を明らかにした。「これは、アメリカを守るためのものではありません。政府を食い物にする陰謀にすぎないのです。要するに、軍需産業が職場をつくり出すのに、なくてはならないものなのです」

そして、敵国が打ち上げる囮《おとり》とミサイルを識別することは、技術的にほとんど不可能であることが明らかにされた。かくしてＮＭＤが怪しくなったところへ、驚くなかれ、かつてＳＤＩで八四年六月に見事にミサイルを撃ち落とすテストに成功したという昔話が、真っ赤な嘘だったことが、〝ニューヨーク・タイムズ〟紙上で科学者によって暴露されたのである。撃ち落とされるテスト用の標的には、内部に発信装置が仕込まれて「私はここにいますよ」と絶えず位置を教え、その信号めがけてミサイルが飛んでゆき、見事に命中したのだという。このように当たることを、当たり前という。

そのイカサマを仕組んだ動機を尋ねられて、この科学者も、「われわれがこの実験に失敗すれば、何百万ドルという大金を失うことになったのです。そうなれば、破滅でしたから……」と答えたのだ。

ミサイル防衛の受注三位に台頭したＴＲＷは、八九年にはペンタゴン受注企業の一七位と低かった。石油王ロックフェラーを生んだオハイオ州クリーヴランドに拠点を構え、そのため一九一頁の表２「石油メジャーと軍需産業のコネクション」にＴＲＷ幹部が四人も登場した。会長シェパード、社長ヘルマン、重役スパーの三人がいずれもスタンダード石油オハイオ（現BP）重役で、もうひとりの重役キーシュニックもスタンダード石油系列のARCO（現BP子会社）社長であった。世界最大のアルミニウムメーカーであるアルコアの会長クローム・ジョージ、GE会長ジャック・パーカーという大物も重役であった。五八年までトンプソン・ラモ・ウールリッジという社名だったTRWは、九九年には自動車部品大手のルーカス・ヴァリティーを買収し、本業の自動車部品のほか、超高速演算可能なコンピューターチップ、衛星通信、戦場データ処理システム、宇宙防衛システム、軍需用トラックなど、広範囲な事業を営んできた。

ところが二〇〇〇年一二月、フロリダ州の得票をめぐって混乱を続けた大統領選挙でゴア副大統領が一三日に敗北宣言を出し、ブッシュJrの大統領当選に決着がついた翌日、ただちにTRWの最高経営責任者ジョゼフ・ゴーマン会長が退任を発表した。一二年間の会長職をおり、翌二〇〇一年から新しい職務が待っているかのようであった。彼はアルコアの経営にも加わり、オニール会長のもとで働いてきた。ブッシュJr政権の組閣は急いで進められ、そのオニールがブッシュJr政権の財務長官に指名されたのは一週間後であった。

ゴーマン会長のもと、TRWの重役陣には、八〇年代からクリントン政権までSDI〜NMD予算を取り仕切った経済局長マーティン・フェルドステインがいたほか、レーガン時代から

SDIに関わったブッシュ政権のCIA長官ゲイツもいた。フェルドスティンは、外交関係評議会CFRで、レイセオン重役ドイッチ前CIA長官と同席する仲であり、TRWがそのレイセオン・グループとしてNMD開発予算を獲得した。TRWのもうひとりの重役は、湾岸戦争中の駐日大使として日本に軍事費供出を強要し、〝ミスター外圧〟と呼ばれたマイケル・アーマコストであった。彼は国家安全保障会議で活動した時代から、CIAのカールッチらと共にペンタゴンの作戦に口を挟んできた。ホワイトハウス国防部をTRW重役室に置いた人脈によって、NMD予算は決定されてきたのだ。

ブッシュJr政権の国防長官ラムズフェルドは、各国からのNMD批判をかわすため、二〇〇一年三月に「NMDのNは不要である」と発言しはじめた。N（national）が意味する国家とはアメリカ本土のことなので、Nを取り除けば国際的なミサイル防衛構想になるという苦しまぎれの屁理屈だが、そのような言辞を弄する前に、核ミサイルをすべて取り除いてはどうなのか。

ロッキード・マーティン、フランスのアエロスパシャル・マトラ、イギリスのBAEシステムズなどが加盟し、ヴァージニア州に本拠を構える国際宇宙ビジネス評議会が九九年五月に発表した〝九八年の宇宙ビジネス〟によれば、全世界の宇宙ビジネス売上高は人工衛星の製造と打ち上げを中心に九七六億ドル、ほぼ一二兆円、従業員数は一〇〇万人を突破し、二〇〇二年までに五七七一億ドルに達すると、驚異的な伸びを予測していた。

二〇〇〇年四月には軍事部門トップを走るロッキード・マーティンが、三菱電機と軍事分野で包括提携することが明らかにされ、次世代ミサイルやレーダーの主要部分を共同開発し、日本政府からの軍事受注を推進する計画であった。続いて一一月にはロッキード・マーティンとボーイングが、空軍用の全地球測位システムＧＰＳの設計と研究開発を受注した。宇宙空間から監視される地球は、完全にこれら軍需産業三グループによって包囲されつつある。その中核は、ペンタゴンではなく、ＮＡＳＡであった。きらめく星空と宇宙創世ビッグバンの物語を売り物に、通信・気象衛星など民間用の宇宙開発を表向きの看板に、ＮＡＳＡは大半の事業を軍事目的に動かしてきた。八八〜九二年にＮＡＳＡの航空諮問委員会委員長をつとめたフィリップ・コンディットが、九九年からボーイングの会長兼最高経営責任者に就任したのである。

ＮＡＳＡはこうして誕生した

ペンタゴンとＣＩＡに遅れること一一年後、一九五八年に設立されたＮＡＳＡ（アメリカ航空宇宙局）National Aeronautics and Space Administration は、マーキュリー計画〜ジェミニ計画を経て、六九年七月のアポロ計画で月面着陸に成功して、その名を不滅のものとした。

ＮＡＳＡのロケット発射基地ケープカナベラルは、二〇〇〇年の大統領選挙で大混乱を招いたフロリダ州にあるが、当初はNASAのための基地ではなかった。トルーマン大統領の時代にソ連との原水爆開発レースを主軸とした冷戦に突入すると、設立されたばかりの国防総省は、四八年に早速ミサイル試射のための土地を物色し、全米の気象条件を検討した結果、地球の自転の向きからロケットが軌道に乗りやすい風がよく吹くケープカナベラルを選んだ。軍部がペンタゴンのビルに統合されても、陸・海・空軍にはそれぞれ誇りと縄張り意識があり、朝鮮戦争の五〇年代に入ると、独自のミサイル開発を競って、陸軍はレッドストーン、ジュピター、海軍はポラリス、空軍は北欧神話のトールに因んだソー、アトラス、タイタン、ミニュットマンなどを続々とここから打ち上げ、性能を競った。フォン・ブラウン博士を迎えたノースアメリカン・エヴィエーションがこの開発で中核となり、ボーイングに吸収されたことについては第2章に述べたが、このミサイル開発競争がキューバ危機を招くことになった。

アメリカが力を入れたのはもっぱら戦争用ロケットとミサイルだったが、五七年一〇月四日、ソ連が人類最初の人工衛星スプートニクの打ち上げに成功するという寝耳に水の事件が起こった。ソ連もナチス・ドイツのロケット科学者を取り込んで成功したのである。一一月にはソ連が第二号にも成功したので、ダレス兄弟が動かすホワイトハウスはあせった。アメリカはその翌月、人工衛星の打ち上げに失敗し、ソ連との差がますます開いた。アメリカが最初の人工衛星打ち上げに成功したのは、翌五八年一月であった。

三月にも人工衛星エクスプローラー3号の打ち上げに成功したアメリカは、一〇月一日、国防総省から独立した宇宙開発専門の機関としてNASAを設立した。ところが直後の五九年一月にそのNASAの発射基地ケープカナベラルの目の前で、キューバの独裁者バティスタ大統領がドミニカに亡命し、キューバの反政府軍が首都ハバナを占領するという異常事態が発生し、同じ日にソ連が祝砲のように宇宙ロケットを打ち上げた。そして二月一六日には、フィデル・カストロがキューバ首相に就任してキューバ革命が成功したのだ。

一刻の猶予もならないと読んだアメリカは、五月二八日、陸軍が二匹のメスザルを乗せた中距離弾道ミサイル・ジュピターをケープカナベラルから発射し、大気圏内で生きたまま回収することに成功したが、七月二日にはソ連のフルシチョフ首相がそれをあざ笑うかのように、犬二匹とウサギ一羽を乗せたロケットを宇宙に打ち上げて回収に成功し、はるかに高い空を飛んでしまった。それどころか九月一四日には、ソ連の宇宙ロケットが月面に到着し、一〇月には宇宙ステーションから撮影した月の裏側の写真を発表して、世界中の度肝を抜いたのである。これが軍事目的であることは明らかで、アメリカ全土は上空からソ連に狙われていた。翌六〇年一月に、ソ連が多段式弾道ロケットを発射し、一万二〇〇〇キロメートルを飛行して太平洋の予定水域に誤差二キロメートルで着水すると、アメリカ本土攻撃の危険性はますます高まった。こうしたなか、六一年一月にキューバと外交関係を断ったホワイトハウスに入ったのが、若き大統領ジョン・F・ケネディーであった。

しかし彼が就任して三ヶ月も経たない四月一二日、ソ連はユーリ・ガガーリン少佐が搭乗する人類初めての人間衛星船ヴォストーク1号の打ち上げに成功し、地球を一周して一時間半後に無事回収され、「地球は青かった」とガガーリンが語ったのだ。青くなったCIA前長官ダレスの計画でキューバに動乱が起こったのはその三日後で、一六日にはCIAが組織した反政府軍の戦闘部隊がキューバに上陸したが壊滅した。アメリカは翌月五日に、マーキュリー計画でアラン・シェパードが初めての有人宇宙飛行に成功したが、宇宙の軌道には乗らないわずか一五分の飛行であった。それでもシェパードは英雄として迎えられ、その機を捉えてケネディーは、五月二五日に有名な演説を議会でおこなった。

「アメリカは、宇宙開発予算を拡大する。われわれは一〇年以内に人間を月に送り、彼らを無事に帰還させる」と。

この「一〇年以内」という言葉が、「七〇年までにNASAが果たさなければならないアポロ計画の義務」として語られるようになり、ロケット開発技術が軍用機メーカーに一層強く求められた。東ドイツがベルリンに東西を分断する壁を建設したこの六一年は、アメリカ国民がソ連に勝つことを政府に求め、ケネディー兄弟にとって苦難の年となった。それは翌六二年の最大の危機の前ぶれであった。

六二年二月二〇日、アメリカがジョン・グレン中佐の搭乗する人間衛星船フレンドシップ7号の打ち上げに成功し、地球を三周してほぼ五時間後に大西洋上に着水、無事回収されたのだ。第二次世界大戦と朝鮮戦争の戦闘機パイロットで、戦闘機の設計もおこなってきたグレンは、アメリカ人として初めて宇宙軌道を飛行した人間として、ライト兄弟、リンドバーグ、ヒューズ以来の空の英雄として大歓呼で迎えられた。のち上院議員となり、核兵器の拡散を痛烈に批判するアメリカの知性として活動した人物だ。グレンの宇宙飛行成功は、ケネディーの自信を回復させ、四月にはテキサス州ヒューストンに有人宇宙飛行センターの建設がはじまり、八月には「西ベルリンがソ連に侵攻されれば核兵器を使用する」と、フルシチョフ首相を威嚇する作戦に出た。ソ連がキューバに兵器輸送を開始したのは翌月であった。

一〇月一六日、ソ連がキューバにミサイルを配備していることをアメリカが上空から探知して、国家安全保障会議の緊急委員会が招集されたが、核弾頭の存在は確認できなかった。ラスク国務長官、マクナマラ国防長官、マックスウェル・D・テイラー統合参謀本部議長、カーティス・ルメイ空軍参謀総長らが次々と好戦論を展開し、先制攻撃論が会議を制するかに見えた。第二次世界大戦最後の太平洋戦争で、ジョン・マケインと共にB29で東京大空襲をおこない、広島・長崎への原爆投下を実行した司令官ルメイは、ジェームズ・スチュワート主演の『戦略空軍命令』に描かれた通りの軍人で、その最も攻撃的な論者であった。

キューバから核弾頭ミサイルが発射されれば、五分以内にアメリカの大都市が瞬時に壊滅すると推定され、一〇月二二日にケネディーが初めて国民に状況を説明し、海上封鎖を命令して全世界に厳戒体制が敷かれた。対するソ連も翌日、全軍に休暇取消を通達し、二四日に全世界の米軍がソ連攻撃態勢に入るなか、アメリカが知らないうちに核弾頭がキューバに到着した。ついに地球最後の日が近づいたのである。以後、息づまるホワイトハウスの攻防と米ソ秘密交渉が連日続いた二週間後、最後にソ連がキューバからミサイルを撤去し、世界消滅のキューバ危機は去った。それでも膨大な数の核弾頭ミサイルは、二一世紀まで地球上に残されたままだ。このキューバ危機は、二〇〇〇年にケヴィン・コスナー主演の『13デイズ』で映画化されたが、ハリウッドがこの題材を取り上げた背景にはＮＭＤ開発があった。これらの物語に一度も登場しないのは、危機の主役である。

マーキュリー計画からジェミニ計画へと進み、六五年六月三日にジェミニ4号では初めて飛行士が宇宙船の外に出て活動し、六六年三月一六日には宇宙での飛行船のドッキングに成功。そしてついに六九年七月二〇日、ケネディー大統領の遺志通りアメリカは人間を月に送って月面に第一歩を印し、宇宙飛行士を無事帰還させることに成功した。二一世紀冒頭から遡ること三二年前、この神業《かみわざ》を成し遂げたアメリカの頭脳と飛行技術には驚嘆すべきものがあった。宇宙での精密な軌道計算に必要とされ、大きく進歩したのがコンピューターであった。

誰がそれを成功させたかと言えば、宇宙飛行士ではなかった。軍人たちが重役室に入ったミサイル・メーカーと、ヒューストン有人宇宙飛行センターとケープカナベラル基地をかかえるNASAである。しかもNASAの細胞はすべて軍需産業であった。宇宙飛行第一歩となったマーキュリー計画の主契約会社はマクドネル航空機（後年のマクドネル・ダグラス）であり、その傘下にロケット技術の雄ノースアメリカン・エヴィエーション、コンベア（旧ヴァルティー航空機）、クライスラー・ミサイル部門、ノースロップ、ベル航空機、ロッキード、グラマン、フォード・モーター、テキサス・インストゥルメンツ、IBMといった軍需産業の社名が並んだ。新大統領ケネディーが六一年二月からNASA長官ポストに据えたのは、その主契約会社マクドネル航空機の重役ジェームズ・ウェブであった。就任直後にソ連のガガーリンに先を越されたウェブが、「アポロ月面着陸によるアメリカの逆転勝利」をケネディー大統領に進言し、壮大なプロジェクトがスタートしたのだ。彼は核兵器原料のプルトニウム製造を進めるカー・マギー社の重役もつとめていた。

飛行船がドッキングした六六年当時、すでにNASA関係者は、全米で四〇万人に達していたのである。ケープカナベラルは、キューバ危機の翌年から七三年までケープケネディーと呼ばれ、NASAロケット発射基地はケネディー暗殺後にケネディー宇宙センターと命名されたが、この歴史の経過に見る通り、キューバ危機で地球最後の日を手招いたのは、アメリカとソ連の宇宙開発競争であり、その核兵器開発レースがさらに宇宙開発レースを加速することになった。

特に八〇年代以降、海軍少将からスペースシャトル飛行局長、続いてNASA長官になったリチャード・トルーリーをはじめ、大陸間弾道ミサイルの開発主任を経て空軍宇宙司令官とケネディー宇宙センター所長を歴任したフォレスト・マッカートニー、あるいは国家ミサイル防衛構想のトップ企業となったTRWの前身ラモ・ウールリッジの弾道ミサイル研究所長からNASA長官となったジェームズ・フレッチャーたちは、いずれもキューバ危機時代からの戦争エキスパートであった。民間分野におけるNASAの活動には、気象観測や衛星放送のすぐれた業績がある。しかし意味を失った核兵器とミサイル開発におけるNASAの活動は、ほとんど理解しがたく、彼らの知性を疑わせる。答として出てくるのは、とてつもなく膨大な数にふくれあがった従業員の失業問題である。

二〇〇〇年にブッシュJr対ゴアの泥仕合となった大統領選挙で、NASA宇宙基地をかかえるフロリダ州の最高裁は民主主義の代弁者のように紹介されたが、フロリダ州には、その背後に興味深い富豪たちの歴史があった。基地から南下すると富豪が集まるマイアミビーチがあり、北上するとセントオーガスティンの町にフラグラー・カレッジがある。そこに世界一豪華なポンセ・デ・レオン・ホテルを建設したのが、ヘンリー・フラグラーであった。彼はミシガン州で商売をしていたが、ある時ロックフェラーという兄弟を穀物のセールスに雇い、オハイオ州クリーヴランドで、ロックフェラー・アンドリューズ・フラグラーという石油会社をはじめたが、それが順調にいったので、一八七〇年にスタンダード石油という会社を設立し、ロックフェラーと共に経営した。

一九一一年にスタンダード石油のトラストが解体されるまで№2として君臨した彼は、一方でフロリダの魅力にとりつかれて開拓の主役となり、御殿のようなホテルを建設し、キューバ商会の支配者としてマイアミを支配し、フロリダ東海岸鉄道のオーナーとして州内に一〇〇〇キロメートルの鉄道を保有する王国を築いた。一三年にこの世を去った時の遺産が一億ドルと、あまりにも大きかったので、問題が起こることになった。最初の妻が一八八三年に死後、彼女の看護婦だった一八歳年下のアイダ・シューズと結婚したフラグラーだが、彼は一方で、南部名門ケナン家のクラシック歌手でピアニストのメアリーとできてしまったのである。妻アイダは怒って、「あんたなんか殺してやる」と脅し、彼女の態度が日ごとに荒々しくなるので、フラグラーは彼女をニューヨーク郊外のサナトリアムに送りこんで、メアリーに一〇〇万ドルのオリエンタル・パールとダイヤを婚約の贈り物としてプレゼントした。ところが当時彼が住んでいたニューヨーク州で、離婚は違法であった。フラグラーは政界、報道界、実業界を奔走し、離婚の必要性を訴えたがうまくゆかないので、フロリダ州での離婚を計画した。フロリダでは不義姦通の場合にしか離婚は認められていなかったが、彼が州知事と司法界に一二万ドル以上の賄賂を握らせ、「不治の精神病でも離婚可能」と州法を改正させ、一九〇一年に法案が議会を通過して、その夜に離婚が成立。ただちに結婚した七一歳のフラグラーに、新婦のメアリー・ケナンは三四歳で、三七歳年下であった。彼女には巨額の証券と現金が結婚祝いに贈られ、二人はパームビーチの湖畔に建てた新居の豪邸で暮らし、連日のパーティー騒ぎが続いた。浪費癖のあるメアリーは、パーティーに二度と同じドレスを着なかったことでギネス・ブックに載ることになった。のちフラグラーと妻メアリーは、その巨大な遺産をめぐって次々と謎の死を遂げることになる。これが一世紀前のフロリダ司法界であった。

一世紀後、このスタンダード石油の利権の一部をテキサス州で獲得したブッシュ家から二人目の大統領ジョージ・ブッシュJrが誕生し、弟ジェブ・ブッシュがフロリダ州知事として、大統領選挙の開票結果に異議を申し立てるフロリダ司法界を見守ることになった。

日米ガイドラインの裏で誰が動いたか

フロリダ州の別天地ディズニー・ワールドの娯楽場を巧みに組み合わせ、NASAはこの土地から全米の軍需産業を育ててきた。アポロ計画を成功させるため、ジョンソン大統領は商務省の運輸次官だったアラン・ボイドを六七年に初代の運輸長官に昇格させたが、ボイドはフロリダ鉄道電力委員長としてフラグラーの遺産を守ってきた男で、しかもアポロ11号は彼の誕生日七月二〇日に月面着陸を成功させたのである。アメリカ運輸省もまた、キューバ危機とＮＡＳＡの落とし子であった。

ＮＡＳＡで七〇年代に研究技術諮問協議会を動かしたノーマン・オーガスティンは、フォード政権時代にラムズフェルド国防長官のもとで陸軍次官をつとめ、それから軍需産業に転じると、九〇年代にはロッキード・マーティン社長として全軍需産業のトップに立つ指揮官となり、国防長官アスピンにＮＭＤ構想を吹き込んだ張本人である。彼の部下マーカス・ベネットも、衛星通信のパイオニア企業コムサットと、ロッキード・マーティンに二股をかけ、議会を巧みに誘導しながらミサイル防衛予算を国から引き出した。

彼が重役となったコムサット《COMSAT》は、正式社名を通信衛星社 Communications Satelite といい、キューバ危機の翌年、ケネディー大統領の宇宙プロジェクトとして六三年二月に設立された準民間企業で、通信衛星時代の幕開けを告げる華々しいスタートを切った。ところがその年一一月、ケネディー大統領暗殺事件がダラスで起こり、そのニュースを全世界に衛星配信で流さなければならなかった。衛星配信をおこなうインテルサット（国際商業衛星通信機構）に出資し、世界的な通信衛星サービス会社として、二〇世紀の衛星放送時代のパイオニアとして活躍する一方、ＩＢＭと提携してコンピューター・ビジネスにも進出し、のち広く知られるコムサットに社名を変更した。

しかしケネディー大統領がコムサットを設立した本来の目的は、こうした民間事業ではなかった。この会社は、大統領と連邦通信委員会とNASAが監視と指導をおこない、事業内容を政府と議会に報告する義務を負い、取締役のうち三人を大統領が直接任命できる政府直属の重要な情報収集組織であった。「ソ連との全面核戦争」を公然と口にした六四年の大統領候補バリー・ゴールドウォーターが、八九年にはブッシュ大統領によってコムサット取締役に指名され、キューバ危機時代の亡霊が、九〇年代の民間通信衛星を握ったのである。コムサットが有する海事用通信衛星部門マリサットは、当初から大西洋、太平洋、インド洋に展開するアメリカ艦隊に軍事情報を送り続け、全世界に米軍が派兵される時にはその水先案内人をつとめ、ペンタゴンとNASAの諜報機関としての役割を果たしてきた。

このコムサットが、二〇世紀末にロッキード・マーティンに買収され、新会社ロッキード・マーティン・グローバル・テレコミュニケーションズとしてスタートを切った。前述のベネットだけでなく、マーティン・マリエッタ社長カレブ・ハートも重役エドウィン・コロドニーもコムサット重役を兼務し、すでに以前からロッキード・マーティンの傘下にあったコムサットが、純粋な軍事企業として正体を現わしたのだ。

このようなNASA〜コムサットと国防総省のパイプ役を果たしたのは、NASA設立時代の国防総省航空技術顧問会議メンバーで、ケネディー〜ジョンソンの大統領科学顧問委員をつとめたジョージ・シェイラーであった。この人物は、五〇年代から七〇年代末までボーイング副社長の職にあって、ほぼ同時期にペンタゴンの航空部門で顧問役をつとめ、最後には原子力規制委員会（NRC）の航空宇宙技術会議で宇宙の核弾頭ミサイル開発に関わった。また海軍将校カーリッスル・トロストが、シェイラーと共に核物質の調達を受け持つ原子力産業で、スリーマイル島原発事故を起こしたGPUニュークリア社の重役と、ロッキード・マーティン、ゼネラル・ダイナミックスの重役を兼務した。

二〇世紀末にNASAと核弾頭ミサイル産業の架け橋となった代表的人物は、次の通りである。

★NASA顧問の女性下院議員ビヴァリー・バイロン（マクドネル・ダグラス重役）
★NASA顧問のダニエル・フィンク（元国防総省。ミサイルのタイタン社重役）
★NASA顧問会議のアラン・マラリー（ボーイング宇宙防衛グループ社長）
★NASA副長官ジョゼフ・シー（元アポロ宇宙飛行センターマネージャー。レイセオン副社長）
★スペースシャトル・チャレンジャー事故調査委員会委員長アルバート・フィーロン（元CIA科学技術部副所長。ヒューズ航空機会長。ランド・コーポレーション理事）

この集団がターゲットにしたのは、アメリカの軍事予算だけではなかった。北朝鮮や中国の脅威をレポートにまとめ、日本と台湾にNMDと同じようなミサイル撃墜システムを売り込む巨大プロジェクトが進められてきた。それがアメリカの同盟国を守ると喧伝されるTMD（戦域ミサイル防衛構想）Theater Missile Defenseであった。ここで使われる英語のシアターは、劇場のことではなく、戦場を意味する物騒な言葉である。

ところがこの構想は、第一に技術的問題から、第二に経済的問題から、第三に政治的問題から、日本が膨大な予算を投入すること自体、意味のない計画であった。

第一の技術的問題では、戦域ミサイル防衛システムに使われる兵器は、第2章に述べた通り、ロッキード・マーティンとボーイングが開発を手がけてきたTHAAD（戦域高高度域防衛システム）、ボーイングとその傘下に入ったロックウェル・インターナショナル防衛部門、レイセオン（ヒューーズ防衛部門）の三社担当のスタンダード・ミサイル・システムなどにあったが、TMDを実用化するには、日本側も軍事用偵察衛星を打ち上げ、それを維持する技術とコンピューター解析能力が必要になる。九五年一二月、ペンタゴンがTHAADの迎撃実験を開始したが、ロッキード・マーティンは六回続けて失敗したのだ。九九年六月、七回目に初めて成功したと発表されたが、もはや発表自体が疑わしい。この実験は、イラクなどが使用したスカッドミサイルに模した標的を打ち上げ、一七〇キロメートル離れた所から迎撃して弾頭に命中し、破壊したとされていた。しかし実際に配備できるのは早くて二〇〇七年で、全体のＴＭＤ防衛システムが完成して実用化できるのは、はるかに先の二〇二〇年と、航空宇宙専門家は見ていた。

それ以上に、日本の衛星ロケット技術そのものが、国民からまったく信頼を得ていなかった。九九年六月、宇宙開発事業団がデータ通信衛星用と称して国産大型ロケットＨⅡＡの燃焼試験を鹿児島県の種子島宇宙センターで実施したところ、燃料系統のトラブルで失敗し、一〇年の歳月をかけて開発してきたＨⅡ型ロケットも一一月に打ち上げに失敗し、小笠原沖の太平洋に墜落するという惨憺たる結果となった。このため二〇〇二年以降にヒューズがＨⅡＡ型ロケットで一〇基の衛星を打ち上げる計画は、契約がキャンセルされる程度の日本の技術であった。

九三年以来言われてきた北朝鮮のような〝敵国〟の核ミサイルを撃墜するには、「実験では成功したが、実際の核ミサイルの撃墜には失敗した」という言い訳は、軍事的に成立しない。命中率が百発百中でなければ意味のない兵器システムである。宇宙空間から超高速で飛びこんでくるミサイルを、ピンポイントで撃墜することは、何度実験しても「当たればまぐれ」の技術であり、囮《おとり》の発射物とミサイルを識別できないことは、アメリカのメーカーが知る通りである。さらに、偵察衛星でミサイルを識別するには、衛星画像を入手して解読する要員が常時二〇〇人以上必要とされ、防衛庁情報本部では要員確保が不可能な状態にある。

第二の経済的問題は、ロッキード・マーティンが六回の実験失敗で、すでに六〇〇〇億円という巨額の損失を出したことにある。この損失額はシステム価格に上乗せされるので、将来のコスト上昇を予言する。それでも日本は、九八年一二月から情報収集衛星という名目で（事実上はTMD用の軍事偵察衛星）四基を導入する予算計画をスタートしてしまい、九九年には早くもアメリカ政府高官がアメリカ製の情報収集衛星を購入するよう日本に圧力をかけ、クリントン政権はTMD用ミサイル配備を前倒しすると発表し、日本が逃げないよう先手を打った。情報収集衛星の名目で組まれた日本の予算は、九九年度は国民を刺激しないよう一一三億円と小出しに組んだが、打ち上げだけで総額二〇〇〇億円を軽く超え、維持費に毎年五〇億円を食って、最後には五〇〇〇億円を超える。ところがこの高価な衛星の寿命はわずか四年しかない。この衛星の赤外線で敵のミサイルを探知し、地上やイージス艦の迎撃システムを使うが、衛星を打ち上げれば高度な頭脳を持った数百人の監視部隊を編成して、二兆円を投入しなければならない。

すでに日本の自衛隊には、自動警戒管制組織 Base Air Defense Ground Environment を略したバッジ《BADGE》システムがあり、ここに空の防衛産業が結集する。基本的には、敵国から侵入する戦闘機や爆撃機などを「監視」する機能と、「撃墜」する機能から成り立つ。陸上では日本全国に二八ヶ所あるレーダーサイトをネットワークで結び、海からはイージス艦、空ではボーイング製の早期警戒機ＡＷＡＣＳで監視を続ける。敵機をキャッチすれば、マクドネル・ダグラスにライセンス料を支払って日本のメーカーが製造した高価な戦闘機Ｆ15とＦ４などが出動し、レイセオンが五四年に開発した地対空ミサイルのホークや、パトリオットを組み合わせ、日本上空に侵入した敵機を各部隊の一斉行動で撃墜する。

八三年度からは、これを高度化した新バッジシステムが始動し、一七一頁の図10に示したように一二年間で五五兆円という国防予算を使ってきた。日本の経済評論家たちは、これほどの無駄金の浪費を一度も批判せずに、経済再生論を語る無責任集団だ。これらのうち、イージス艦やパトリオット、主力戦闘機などは国産されてもアメリカにライセンス料を支払うため、アメリカ国内価格の二倍という高価な装備を持つ結果となっている。イージス艦は、九〇年五月から三菱重工業の長崎造船所で起工し、九八年までに三菱重工業が三艦、石川島播磨重工業が一艦、合計四艦を建造した。九八年に佐世保に配備された〝ちょうかい〟は一隻一一八〇億円という価格となり、四艦で五〇〇〇億円近い。防衛庁が二〇〇一〜五年度の次期中期防衛力整備計画にこの高価なイージス艦を追加配備する検討に入った時期を狙って、二〇〇〇年一〇月に来日したロッキード・マーティンのヴァンス・コフマン会長は、これまで同社がシステムを手掛けてきたイージス艦を再度システムごと二隻受注する意欲を示し、次期哨戒機の開発にも参加する根回しをおこなって帰国した。この新バッジシステムの膨大な出費の上に、さらにＴ

ＭＤ構想の巨大な出費が乗ってくるのである。アメリカはこの開発費用を日本人に負担させるため、大変な圧力をかけてきた。

第三の政治的問題は、朝鮮半島と中国にあった。

九九年五月二四日、アメリカ国務省が北朝鮮の核疑惑施設（金倉里）の地下調査を終了し、現地を離れたその日、日本の参院本会議で日米防衛協力の指針（ガイドライン）関連法が自民・自由・公明三党の賛成多数によって可決成立した。朝鮮半島や中国〜台湾海峡など日本の周辺で武力紛争が発生した場合に、自衛隊が米軍への支援を可能とするきわめて危険な法律が、ＴＭＤ構想と並行してスタートしたのである。中国は日本と台湾のＴＭＤ参加に強く反対した。韓国は、首都防衛に役立たないとしてＴＭＤ不参加を確認し、金大中《キムデジュン》大統領は「アジアの平和を考えて、日本はＴＭＤへの参加を再検討すべきである」と語った。

そして二〇〇〇年六月一三日、金大中大統領が、韓国大統領として初めて北朝鮮（朝鮮民主主義人民共和国）を訪問した。専用機でソウル近郊の軍用空港を飛び立ち、午前一〇時二五分、平壌《ピョンヤン》郊外の順安空港に到着した。そこには、北朝鮮の最高指導者である金正日・労働党総書記が直接出迎え、南北朝鮮首脳会談による公式の再会が実現した。朝鮮半島が南北に分断されてから五五年の歳月を経ていた。アメリカの退役軍人たちがマーシャル〜マッカーサー〜リッジウェイ将軍時代の朝鮮戦争五〇周年を記念し、戦争時代を回顧している最中の出来事であった。それから二ヶ月後の八月一五日、第二次世界大戦が終結した日本が敗戦の日、南北朝鮮を相互訪問した離散家族一〇〇人ずつが、首都ソウルと平壌で、それぞれの家族や親族と半世紀ぶりに再会を果たした。

日本の国会は、この歴史が動くあいだ、一体何をしていたのか。

劣化ウラン弾をつなぐ人脈コネクション

アメリカの軍事予算三〇〇〇億ドル、ほぼ三〇兆円という金額は、ただ兵器を製造したのではなく、大量の死者と負傷者を出し、湾岸戦争症候群やバルカン症候群と呼ばれる深刻な疾患を生み出しつつある。九一年の湾岸戦争の参戦兵士に共通して、痛みや疲労感、記憶喪失、癌、出産異常などの症状が集団的に多発し、ほぼ三万人が苦しんでいると言われるのが、湾岸戦争症候群である。原因として、劣化ウラン弾が疑われてきた。それに続いて、九九年のユーゴ空爆では、国際治安部隊およそ四万二〇〇〇人のなかから、原因不明の慢性疾患の報告が続々と出てきた。国連によれば、米軍は七八日間の攻撃中に三万一〇〇〇発の劣化ウラン弾を使用したが、空爆に参加した兵士たちの二割が頭痛、不眠症、脱力感など、放射能障害と似た慢性疾患を訴えはじめ、ヨーロッパ各国の兵士が白血病で倒れ、バルカン症候群と呼ばれるパニックが起こったのだ。一体誰がその砲弾を戦場に送り込んだのか。

ここまでしばしば登場しながら、ばらばらに各章に登場したため全体像をつかめなかった集団がある。湾岸戦争症候群とバルカン症候群の原因を探るため、その重要な三つの企業、ランド・コーポレーションと、アライアント・テクシステムズと、サイエンス・アプリケーションズ・インターナショナルについて、軍需産業内部を泳ぐ人脈コネクションを説明しておかなければならない。

軍事シンクタンクのランド・コーポレーションは、レミントン・ランドの会長にGHQ総司令官マッカーサー、副社長にマンハッタン計画総指揮官レスリー・グローヴスが就任し、その前身のレミントン兵器がデュポンとロックフェラー財閥によって動かされた。ベトナム戦争時代から七〇年代まで政界の賄賂工作で悪名高かったノースロップ会長トマス・ジョーンズはランド理事であった。六〇年代に空軍長官として戦略兵器削減交渉SALTの代表団員としてソ連と交渉し、のち核ミサイル中心の国際問題専門家となって、カーター政権の国防長官をつとめたハロルド・ブラウンも、九二年までランド理事であった。ではそこから進展したランドは、二〇世紀末にどのような幹部で構成されていたのか。

社長のジェームズ・トンプソンは、七四〜七七年にフォード政権で国防総省アナリストをつとめ、ラムズフェルド国防長官の部下だったが、八九年からランド・コーポレーションの社長兼最高経営責任者に就任した。ラムズフェルドは、その後ランド理事長に就任後、NMDミサイル防衛計画の最大のロビイストとなり、ブッシュJr政権の国防長官に就任したので、トンプソン社長と一体になって活動してきた。

二〇〇〇年時点の理事長は元アルコア会長のポール・オニールで、彼がブッシュJr政権の財務長官に就任し、ランドの筆頭理事は、フランク・カールッチであった。CIA副長官からレーガン政権の国防長官となり、そこから軍需産業に転じてカーライル・グループ会長としてノースロップ・グラマン・グループを率いた男だ。何度も登場した彼らが、旧知の仲にある大物四人組である。

そこでカールッチのノースロップ・グラマン・グループは、ランドに大物を次々と送りこんだ。副社長ウェルコ・ガシッチがランド理事になり、重役リチャード・クーリーもランド理事となった。このクーリーが金融界でウェルズ・ファーゴの社長と会長を歴任した大物であった。前述のスペースシャトル・チャレンジャー事故調査委員会委員長アルバート・フィーロンもランド理事となった。

以上は非常に軍事色の濃いメンバーだが、ランド理事会には、さらに数々の要人が参加してきた。八四年からシティグループ会長に就任したウォール街の巨頭ジョン・リードが、ランド理事となり、リードはユナイテッド・テクノロジーズ重役も兼務した。ランド理事リタ・ハウザーの夫は、ワーナー・アメックス・コミュニケーションズ社長・会長を歴任したグスタヴ・

ハウザーであった。九〇年代にダウジョーンズ・インターナショナル・グループ女性社長となったカレン・ハウス、レーガン政権の労働長官アン・マクローリン(トラヴェラーズ重役)、コロンビア映画会長エイミー・パスカルなど、キャリアウーマンを含む多彩なコネクションで、金融界、映画界、通信業界、証券業界など、幅広く活動して相互の関係を固めてきたのである。

この軍事シンクタンクを生んだ母体のスペリー・ランドは、海軍用の軍需製品メーカーのスペリーから、スペリー・マリーンへと発展した。さらにスペリー・マリーンは、八七年に一時テネコ(ニューポートニューズ)に買収されたが、驚いたことに同年に海軍長官を退任したジョン・リーマンが個人会社を設立すると、九三年にスペリーを買い取ってしまい、その社長にポール・ミラーが就任したのだ。二〇〇一年冒頭からヨーロッパで重大な議論を呼び起こした「バルカン症候群」、その最大の責任者がミラーであった。彼はスペリー・マリーン社長だけでなく、リットン・マリーンでも幹部をつとめたが、その前にアメリカ海軍大西洋艦隊司令官とNATO大西洋連合軍最高司令官を歴任して軍需産業に入った男である。海軍高官ポストは、企業利権を握るためにあると言ってよい。そのミラーが九九年から、劣化ウラン弾を製造するアライアント・テクシステムズの会長兼最高経営責任者に就任し、同社の女性副社長ポーラ・パティノーも、スペリー系列会社から転じてきた。

序章に述べたように、アライアント・テクシステムズは湾岸戦争前年の九〇年に、ハネウェルからスピンオフした社員がつくった会社であった。その後、ペンタゴンへの通常兵器供給ではトップのメーカーとなり、湾岸戦争時の統合参謀本部副議長デヴィッド・ジェレミアも重役室に入った。彼らが製造し、NATO軍がユーゴスラビア攻撃に使った劣化ウラン弾による被害が、二一世紀の幕開けと同時に連日のように報道されはじめた。

劣化ウラン弾による汚染と被曝

劣化ウラン弾は、九一年の湾岸戦争でイラクに対して使われ、七〇万人の出征兵士に大量に脱毛症や記憶喪失など、無数の障害が出た。この症状は終戦直後から「湾岸戦争症候群」と呼ばれたが、その被害が兵士だけでなく、その子供たちに出てきたので、事態が深刻になった。九五年ごろからアメリカで重大な社会問題となったのは、アメリカの出征兵士の子供に、六〇年代に問題化した睡眠薬サリドマイドと同様の重度四肢障害が発生しはじめたからである。原因として劣化ウラン弾が浮上しはじめた。アメリカ下院の小委員会はその因果関係を検証する公聴会を開催し、そこで湾岸戦争の従軍兵士や科学者が、劣化ウラン弾が原因であると証言したが、国防総省は、その因果関係を否定した。

しかしベトナム戦争では、米軍が使ったダイオキシンを含有する枯葉剤について、科学者たちは毒性を隠し続け、被害兵士たちがその劇毒物エージェント・オレンジのメーカーを訴えたが、一億八〇〇〇万ドルの賠償金が支払われたのは、米軍のベトナム撤退から一〇年もあとの八四年になってからであった。製薬会社が政治家にロビー活動を展開して、多くの被害者は補償もされずに犠牲となったが、二〇〇〇年にはベトナム退役軍人が高齢化すると共に、これまでの癌や次世代への重度障害などのほかに、糖尿病が枯葉剤後遺症として新たに認定され、三〇年を超える苦痛が明らかになった。補償されないベトナム住民の被害は、想像を絶するほどである。

湾岸戦争では、ノーマン・シュワルツコフ将軍によれば、多国籍軍が破壊した化学工場、生物兵器工場、原子力プラントは、合計三一ヶ所にのぼり、当初は主に化学物質が原因かと考えられた。九五年の会計検査院の報告によれば、米軍の兵士は戦闘で炎上した油田からの汚染物など、二一種類の毒性物質にさらされていたからである。イラク人にも、米軍兵士と同じような症状が出たが、イラクの住民についてはほとんど調査がおこなわれなかった。

別の可能性として、兵士がペンタゴンの生体実験にかけられた、という説があった。「サダム・フセインのイラクには毒ガス兵器がある」という理由から、ワクチンを摂取してから出征することが、米軍の兵士に強制されたからである。このワクチンは毒性が未知のもので、医薬品としては正式に認可されていなかった。その未認可の薬が投与されたのである。しかしワクチンが原因だと考えると、アメリカだけでなく、イギリス軍の兵士にも湾岸戦争症候群が出た理由を説明できなかった。

米軍の出征兵士のなかには、湾岸戦争から二年後に生まれた子供に甲状腺がなく、ホルモン剤でかろうじて生きている症例があり、兵士が精子に有害物質をとりこんだ可能性が高かった。当時の記録では、サウジアラビア北東部に派遣されたチェコスロバキアの部隊が、マスタード・ガスを一回検知して、サリンを二回検知し、これは九三年の中間報告で公表されていたが、ごく微量であった。

そこで、多国籍軍の戦車と爆撃機が湾岸戦争で初めて使用した新しい兵器が浮上した。それは、原子力産業から出る放射性廃棄物のひとつ、劣化ウランを先端に使用した砲弾であった。九三年の会計検査院の報告は、米軍がこれらの兵器を使用した時点で、NRC（原子力規制委員会）の基準を上回る放射能被曝《ひばく》を受けた可能性は低いとしながらも、「劣化ウランの汚染がもたらす危険性と、その危険性を避けるための適切な安全処置について、陸軍は兵士に充分な教育をしなかった」という結論を導いた。破片が飛び散る榴弾砲を打ちこまれた施設類では、その後始末をしなければならなかった部隊があり、戦車戦のあとに汚染物が粉末となって散乱し、そのなかで作業した部隊では摂取量がきわめて高かった可能性がある。劣化ウランを先端に使用した砲弾は、湾岸戦争で実に一〇〇万発近く発射され、重量では三〇〇トンにも達した。湾岸戦争に参加したジョージア州退役軍人会会長のポール・サリヴァンは、「われわれが言ってるのは、何十万トンもの放射性廃棄物が空気中にただよっていたことなのだ」と語り、ペンタゴンへの不信感をつのらせた。

劣化ウラン depleted uranium 弾とは何か。原子力産業では、原子力発電に必要な〝核分裂するウラン二三五〟を濃縮する過程で、不要のウラン二三八が大量に発生し、これが廃棄物になったものを指す。一立方センチメートル当たりの密度が最も大きい金属は、純金の一九・三グラムだが、ウランはこれに次いで重く、一九・〇四グラムである。重いので、弾頭にこれを仕込んで発射すると、標的に衝突した時の運動量が、通常の砲弾のほぼ一・五倍になる。戦車のように強固な装甲板でおおわれた装備でも、劣化ウラン弾を打ち込まれると、貫通してしまい、そこで弾頭が燃えあがって、内部の人間が焼き殺される。それと同時に、弾頭は二酸化ウランとなって気化し、大気中に拡散しながら、周囲を汚染する。人間が近くにいれば数ミクロンの微粒子を吸い込み、肺に残留し、血管に吸収され、アルファ線と化学毒性の強い影響を受ける。また生殖器官に濃縮される。

米軍がこれを実戦で使用したのは、湾岸戦争が初めてであった。これが、湾岸戦争症候群の原因のひとつである可能性が高まり、下院が九七年六月から公聴会を開催し、本格調査を開始した。同年の〝毎日新聞〟の報道によれば、ペンタゴンの報道官は、「人体にも環境にも危険はない。劣化ウラン弾の放射能は五〇年代のテレビ受像機程度である」とコメントを発表した。

これに対して、ニューヨーク市立大学の物理学者ミチオ・カク教授は、「テレビから出るのは紫外線である。劣化ウラン弾が関係するガンマ線とは性質がまったく異なる。テレビの紫外線で癌は起こらないが、劣化ウラン弾は微粒子となって人体に入り、癌の原因となる。私の生徒だったら落第点だ。彼は放射線のことを何も知らない」と批判した。

公聴会では、劣化ウラン弾に被弾した戦車の洗浄や、処理にあたった約四〇人の米軍兵士（第一四四輸送供給部隊）のうち、ウランに被曝した疑いのある部隊員は二四人で、そのうち、吐き気、下痢、肺炎、腎臓障害などウラン被曝に特徴的な湾岸戦争症候群を示した患者が一七人にも達し、うち二人はすでに九二年と九三年に死亡したことが明らかにされた。これらの患者を診療し、「劣化ウラン弾の微粒子を吸入したことが原因」と最初に診断したアメリカ復員軍人病院の医師アサフ・デュラコヴィッチは、診察することができた一四人の兵士の体から通常より高い値のウランを検出したが、復員軍人援護局は、それ以上の精密検査をおこなわせなかった。彼はニューメキシコ州のサンディア国立研究所での再検査を提案したが、それも無視された。核医学の専門家で、陸軍放射線生物学研究所などで体内被曝の影響を研究し、ウランの毒性に通暁していたデュラコヴィッチは、最後にこの病院を解雇されたのである。

湾岸戦争は、九〇年八月二日のイラクのクウェート侵攻のあと、九一年一月一七日に多国籍軍のミサイル発射によって開戦し、二月二八日に終戦した。多国籍軍の兵士たちに出た被害は、米軍兵士に限った場合、この時点から起算すると、重度障害児が出生した時期と一致した。その後も現地にとどまった米軍兵士の場合には、終戦から五ヶ月後の七月一一日には、クウェート近郊のドーハ米軍基地で大火災が発生し、劣化ウラン弾の貯蔵庫に引火して、次々と爆発した。そのため、劣化ウラン弾六六〇発、三トン以上の劣化ウランが燃焼しながら、破片が兵士たちのうえに雨のように降り注いだ。この火災処理にあたった兵士たちの子供に、出産異常が多発したのである。イラク住民の場合は、その後も同じ汚染地帯に居住しなければならない状況が続いたので、桁違いの被害が発生し、生まれた子供たちに大量の重度障害が報告されてきた。

この劣化ウラン弾が、医療制度改革を看板に掲げるクリントン政権によって、九九年にユーゴ攻撃で再び使用されたのだ。アライアント・テクシステムズの重役室には、陸軍大西洋司令官だったロバート・シャドレーもいたが、彼は軍需品の調達センター局長をしていた人物だったのである。

アライアント社には、ミラー社長をはじめ、重役ジェレミアなど、海軍を最大の顧客とするリットン・インダストリーズ幹部が目についたが、そのリットンが九七年に買収したのが、サイエンス・アプリケーションズ・インターナショナルのテクノロジーズ部門であった。すなわち、ランド・コーポレーション〜スペリー〜アライアント・テクシステムズ〜サイエンス・アプリケーションズは、海軍の人脈を中心に相互に行き来する、軍需産業内部のコネクションを形成していたのである。

このサイエンス・アプリケーションズには、ニクソン政権第二期の国防長官としてベトナム戦争を続行し、マーティン・マリエッタ重役となったメルヴィン・レアードがいたほか、CIA副長官ボビー・インマン、国防総省国防科学委員会アニタ・ジョーンズ、ランド・コーポレーション顧問ジョン・ワーナー（上院議員と同名異人）、ロッキード・マーティン副社長トマス・ヤングに、元陸軍大将、元空軍大将も揃っていた。この人脈メカニズムを通じて紛争を持続することが、彼らの役割であった。

NATOによるユーゴ空爆から一年半後、二〇〇一年一月七日の〝ニューヨーク・タイムズ〟が、「バルカン爆撃による放射能でヨーロッパ震撼」と報じた。要旨は次のようであった。前年来ヨーロッパでかなり噂の高かった劣化ウラン弾による被害が、相当深刻になり、国連のコソボ調査団長をつとめるフィンランドの前環境大臣ペッカ・ハーヴィストによれば、「子供たちが遊んでいる村の真ん中で放射能を検出した。住民は砲弾の破片を記念に集め、乳牛が汚染地域で草を食《は》み、放射能がミルクに入りつつある」という。バルカン半島に派兵されたヨーロッパの兵士一二人以上が白血病で死亡したため、ヨーロッパにパニックをもたらしつつあった。

アメリカが九五年のボスニア攻撃と九九年のコソボ攻撃で現地を汚染し、除染する必要を知らせなかったことに対し、ボスニア、コソボ、セルビア、モンテネグロの住民のあいだでも、怒りが高まった。ヨーロッパでは、白血病の死者のほか、慢性疲労、脱毛、各種の癌など、湾岸戦争症候群と同様の症状が出はじめた。ベルギー、フィンランド、ノルウェー、ギリシャ、ブルガリアでは、バルカン出征兵数万人について、目立たないように医療検査が開始された。というのは、最初にベルギー兵九人が癌を発症し、五人が死亡したことがきっかけで問題が浮上し、オランダで二人、スペインで一人白血病が出て死亡、フランスでは四人が白血病治療中、イタリアでは三〇人が重病で、うち一二人が癌を発症、うち六人が白血病で死亡するという形で、各国におそろしい事実が次々と出はじめたからである。

ペンタゴンと、ブリュッセルのNATO本部は、「戦車攻撃用の劣化ウラン弾の被害は、ごく特殊な標的に限られ、全般に人間と環境には問題ない。放射能レベルが非常に低いので劣化ウラン弾と癌の因果関係はない、というのが医療関係者の一致した意見」と主張した。ところがイギリスの生物学者ロジャー・コグヒル博士が、ロンドンの会議で語ったショッキングな説明によれば、「リンパ節に劣化ウラン一粒《ひとつぶ》がつくだけで、免疫システム全体が機能しなくなるおそれがある」というのである。ウラン一粒が白血病を起こすことになる。

国連調査団が最も心配したのは、戦場となった現地の住民であった。大量の砲弾が地中深くにあり、地下水を汚染していたからである。

あとがき

二〇〇一年一月二〇日、ジョージ・ブッシュJrが新大統領に就任し、アメリカは新たな世紀への第一歩を踏み出した。その日、首府ワシントンにおける彼の演説は、世界のメディアが過去書き立てた「頼りない人物」ではなく、緊張した空気に包まれながら、あたりを払うように堂々たるものであった。

「私は社会のはぐれ者」と自分を呼び、沖縄の米軍基地や国外派兵の縮小を主張したブッシュJrに、筆者は心ひそかに期待した。それまでの彼が、己に正直であったからだ。しかし力を信奉するアメリカ的性格は、大統領に強く求められる絶対的条件であり、彼個人の性格についても、まったく未知である。

アメリカは、世界から愛され、世界から羨望される数々の文明を生み育てた。ハリウッド映画、ポピュラー音楽とその華麗な大スターたち、ラジオ、電話、オーディオ製品、テレビ、自動車、航空機、全世界から集めた美術品コレクションとスポーツ選手。「自由」を合言葉に、あらゆる民族からすぐれた人材を惹きつけたアメリカの魅力は、現在も絶えることはない。パーソナル・コンピューターに続いて、膨大な資料の蓄積と、公開原則の上に成り立つインターネット通信技術は、地球を虜にするほど、ビジネス界の作業を一変させてしまった。

全世界の金融界・工業界・報道界・エンターテナーにとって、アメリカは頂点に立つ大学であり、これからも人びとを惹きつける。親米・反米を問わず、その分野ではアメリカが第一の実力者であることを認識している。一方、大学では教えない重要な人生哲学が数々ある。自分だけがすぐれていると勘違いする大学は、その傲慢さ故にしばしば大きな過ちを犯す。頂点に立つ者は、王座を保持しようとする欲望と、国民から過大な要求をつきつけられ、巨大な産業労働者を維持しなければならないという現実問題に直面する。その責を負わされるのは、大統領である。その政策には、必ず無理が生ずる。

この物語は、ウォール街の株価にはじまるのだ。経済記者たちは、連邦準備制度理事会議長グリーンスパンや大統領クリントンの経済政策による株価上昇だと誤った報道を続けたが、異常な株価上昇は、全世界の金融資金がアメリカに投資され、コンピューター投機テクニックがそれを時間的に加速した結果にすぎず、誰の功績でもない。投資資金を集めた魅力の根源(功績)はアメリカの生んだ通信技術にあり、その結果、株価が上がったのだ。世界の資金が息切れすれば、上昇が止まることは歴然としていた。二〇〇〇年末からの株価下落も、経済政策とは無関係の現象なのだ。下落した株価を再び上昇カーブに乗せようと無理をすれば、過ちを犯すことになる。

ブッシュJr大統領による大規模な減税策は、アメリカの国内問題なので、本書ではふれない。

われわれに気がかりなのは、アメリカが過去最大の過ちを犯してきた軍需産業の地球的増殖が続くことである。国家予算の二八パーセントも軍事費に投じた八七年に比べて、二〇〇〇年には一六パーセントに減少したが、金額は、世界中の経済が停滞するなかで五〇〇億ドル近く、ほぼ五兆円も増加したのだ。本書では、アメリカ国外に直接的な危害をおよぼす兵器輸出のうち、中核を成す軍用機・ミサイル・銃砲を主題としたため、軍用艦メーカーにはほとんど触れることができなかった。しかし七つの海に展開しているのは、アメリカの巨大軍用艦である。二〇〇一年二月九日(日本時間一〇日)、アメリカ海軍・太平洋艦隊の攻撃型原子力潜水艦グリーンヴィルが、ハワイ真珠湾近くのオアフ島観光地ダイヤモンドヘッドの沖合で急浮上し、日本の愛媛県立宇和島水産高校の海洋漁業実習船えひめ丸に衝突して、えひめ丸は水深約六〇〇メートルの海底に沈没、乗っていた三五人のうち生徒たち九人が行方不明となった。

事故原因については、社会が正しい判断を下すであろう。この悲しむべき事故について付言しておかなければならないのは、原子力潜水艦グリーンヴィルが、ニューポートニューズ・シップビルディング製だったということである(巻末折り込み地図のヴァージニア州参照)。第1章四一頁に記述した同社(旧テネコ)は、アメリカの巨大空母メーカーとしてエンタープライズ、ニミッツ、カール・ヴィンソンなどを製造し、八七年には第6章の終りに登場したスペリー・マリーンを買収、八八年にはペンタゴン受注額で第四位にランクされながら、翌八九年に海軍予算縮小のため急落して二一位となった。その後九〇年代には、九六年二月のグリーンヴィル号、同年九月のシャイアン号を最後に、以来五年間、同社製の原子力潜水艦の就航はない。えひめ丸沈没事故からほぼ一ヶ月後の三月四日に、ニューポートニューズ造船所で原子力空母ロナルド・レーガン号の進水式がおこなわれ、ブッシュJr大統領、ラムズフェルド国防長官らが列席して祝ったが、これも原子力空母として、九六年進水（九八年就航）のハリー・S・トルーマン号（口絵写真）以来五年ぶりの出来事であった。

さらに九九年には、三大軍用艦メーカーのあいだで熾烈な買収合戦が展開された。ゼネラル・ダイナミックスがニューポートニューズの買収に乗り出し、一方ニューポートニューズがエイヴォンデール・インダストリーズ買収を進めたが、後者はリットン・インダストリーズによって横取りされ、世紀末にはそのリットンがノースロップ・グラマンに呑みこまれてしまった。巻末折り込みの「アメリカ軍需産業の大編成」に図解した通り、すさまじい軍需産業の動きが、えひめ丸沈没事故の背後にあり、それが現在も続いているのだ。

国外への派兵と、武器と兵器の大量輸出で、愛されるべき魅力の大半をアメリカは失う。アメリカを離れれば、「余計なお世話」であることに、アメリカ人は気づかない。悠久の歴史と文化を誇り、人びとを惹きつける中国、NATO諸国、ロシアについても、同じことが言える。軍事力が彼らの魅力を台なしにする。軍需産業の問題は、大別して三つある。

地球の生命を一瞬で終らせる原水爆と核弾頭ミサイル。

細菌兵器や毒ガス兵器、枯葉剤、劣化ウラン弾のような生物化学・放射能兵器。

拳銃、ライフル、機関銃の武器類と、地雷、軽量ミサイルを含めた通常兵器。

第一の核兵器によって人類破滅の危機が実際に訪れたことは、過去少なくとも三度ある。五〇年代の朝鮮戦争、六〇年代のキューバ危機、八〇年代の東西ヨーロッパ・ミサイル配備危機。ほかにもブロークンアローと呼ばれる核兵器事故によって、偶発核戦争が起こりかけたことは、枚挙に暇《いとま》がない。ベルリンの壁崩壊以後、核兵器の意義は失われ、完全に無用となりながら、アメリカは国家ミサイル防衛構想に巨額の予算を組んできた。しかしこれはすでに予算獲得ゲームの世界にあり、大半の危機は去ったと見てよい。おそれるべきは核と原子力の事故である。

第二の生物化学兵器は、過去の国家規模での大量殺戮用細菌兵器や毒ガスのような無気味な存在ではなくなりつつある。劣化ウラン弾が新たな脅威として登場してきたが、これも今後は、国際批判のなかでそれほど長くもたないであろう。危険性は、テロリストによる悪用にある。

最大の問題として残るのは、二〇世紀末のすべての紛争・戦争の主役として、膨大な数の人間を殺傷した第三の通常兵器である。拳銃、ライフル、機関銃が紛争に素早く点火すると、地雷、軽量ミサイルが戦闘を拡大してゆき、待っていたように戦車、軍用機、巡航ミサイル、軍用艦の強大な兵器類が登場する。このメカニズムは正確に順序だてて仕組まれていながら、世界は紛争の悲劇と民族対立と難民の救済だけを論ずる。愚かなことだ。そのような議論で紛争がなくなるものか。

しかも紛争は、地球上最大の環境破壊である。環境問題を論ずる人は、これまで以上に軍事問題に目を向ける必要があるだろう。二〇〇一年にアフガニスタンのタリバンが貴重な石仏を破壊した行為を非難した全世界の文明人が、至るところで武器や兵器を執り、日々それと同じ行為を自らくり返していることに気づかなければならないはずだ。クリントン政権が九九年にユーゴで民間人を大量に殺害した犯罪は、誰からも咎められず、時代は次へ進もうとしている。彼が二一世紀に向けて組んだ巨大な軍事予算は、ブッシュJrの政策と取り違えられるが、事実はまったく異なる。

アメリカの軍需産業は、キューバ危機当時も現在も健在である。彼らの活動と人脈については、詳細な歴史が残されていない。不思議なことだ。その原因は、世界中の政治学者、作家、マスメディア、ハリウッドの脚本家たちが、大統領補佐官や大統領顧問、閣僚といったホワイトハウス要人の回顧録を「歴史の真実」として扱い、それをもとに歴史を描くことにある。ホワイトハウス要人の回顧録、それは戦争責任を免れるために、ほとんど嘘と釈明だけしかない犯罪者の虚言にすぎない。ケネディーを美化したり、米軍による大量殺人を忘却させようとしてきたのは誰なのか。

本書では、アメリカ政府高官と軍需産業幹部の交流に焦点を絞った。国家には、大統領・副大統領と閣僚を含む国家安全保障会議、CIA、FBI、国防総省、陸海空軍統合参謀本部、国務省、各国大使館、NASAがあった。軍需産業には、軍用機メーカー、艦船メーカー、銃砲・弾薬メーカー、核弾頭ミサイルメーカー、エレクトロニクス産業、宇宙・衛星産業がひしめきあっていた。このあいだに位置して仲介役をつとめる軍事シンクタンクの外交関係評議会と全米ライフル協会、石油メジャー、兵器輸出ロビーの上院議員・下院議員、地元の労働者、これらが渾然一体となって、アメリカの軍事予算三〇〇〇億ドル、ほぼ三〇兆円という金額が捻出される。大統領には制御しきれないほどのシンジケート集団である。

二〇〇一年二月一六日、アメリカの軍部がまたしても暴走、イギリス軍を巻き込みイラクに空爆を仕掛けた。誘導ミサイルの性能テストを実施するなら、アメリカ国内で充分ではないか。それでも、彼らにメッセージを送る。ほかの分野でアメリカがすぐれているだけに、惜しまれる。愛されるアメリカにとって、過大な軍事力は必要がないことを、アメリカ人が知ってもよい時代だ。弱虫どもが立ち騒いでも、それが小事であれば、泰然として動じない者こそ〝真の強者〟と呼ばれるにふさわしい。軍需産業は、アメリカのすべての魅力を台なしにする。

二〇〇一年三月二一日

広瀬　隆

広瀬 隆(ひろせ たかし)

一九四三年東京生まれ。作家。早稲田大学卒業。近年、建国以来のアメリカ合衆国の成り立ちを精力的に分析・研究。著書に『アメリカの経済支配者たち』(集英社新書)、『東京に原発を!』『赤い楯』『地球のゆくえ』(以上集英社文庫)、『クラウゼヴィッツの暗号文』(新潮文庫)、『パンドラの箱の悪魔』『燃料電池が世界を変える』(以上NHK出版)など多数。

アメリカの巨大軍需産業《きょだいぐんじゅさんぎょう》

集英社新書〇〇八七A

二〇〇一年四月二二日 第一刷発行

著者……広瀬《ひろせ》 隆《たかし》

発行者……谷山尚義

発行所……株式会社集英社

東京都千代田区一ツ橋二-五-一〇 郵便番号一〇一-八〇五〇

電話 〇三-三二三〇-六三九一(編集部)
〇三-三二三〇-六三九三(販売部)
〇三-三二三〇-六〇八〇(制作部)

装幀……原 研哉

印刷所……凸版印刷株式会社

製本所……加藤製本株式会社

定価はカバーに表示してあります。

ISBN 4-08-720087-6 C0231